Produktmanagement

So optimieren Sie Produkte, Workflows und Marketing

Thomas Ammon

W0177087

So nutzen Sie dieses Buch

Die folgenden Elemente erleichtern Ihnen die Orientierung im Buch:

Beispiele

In diesem Buch finden Sie zahlreiche Beispiele und anschauliche Anwendungsempfehlungen.

Definitionen

Hier werden Begriffe kurz erläutert.

Die Merkkästen enthalten Empfehlungen und hilfreiche Tipps.

Auf den Punkt gebracht

Hier werden die Inhalte der Kapitel kurz und knapp zusammengefasst.

Inhalt

Vorwort

Was macht eigentlich ein Produktmanager? Mit dieser Frage werden Menschen, die im Produktmanagement arbeiten, im Laufe ihres Berufsalltags wohl des Öfteren konfrontiert – sowohl von unternehmensfremden Personen als auch von unternehmensinternen Kollegen. Dann sollen sie in zwei bis drei knapp gehaltenen Sätzen schildern, welche Aufgabe im und welche Bedeutung für das Unternehmen sie haben. Das ist oft gar nicht so einfach! Denn wohl keine Tätigkeit im Unternehmen ist so vielschichtig und vielseitig wie der Beruf des Produktmanagers.

In Zeiten des härter werdenden Wettbewerbs gewinnt der Produktmanager für ein Unternehmen wieder mehr an Bedeutung. Die ersten Kapitel schildern, wie es zur Entstehung des Berufs kam, wie der Produktmanager organisatorisch in ein Unternehmen eingegliedert ist und welche Werkzeuge und Hilfsmittel ihm helfen, seine Tätigkeit auszuüben.

Ein großer Teil des Buches widmet sich dem Bereich der Produktentwicklung, wohl der wichtigsten Disziplin, die ein erfolgreicher Produktmanager beherrschen muss. Von der Ideenfindung über Marktforschung, Marktprogrammerstellung bis hin zur Marktkommunikation spannt sich das Themenspektrum in diesem Kapitel.

Dem erfahrenen „Marketing-Crack" wird vieles in diesem Buch bekannt vorkommen. Aber – das muss an dieser Stelle gesagt werden – an ihn ist dieses Buch auch nicht gerichtet. Für mich war es wichtig, eine Reihe von Hilfsmitteln zusammenzustellen, die Ihnen als Produktmanager die

Arbeit erleichtern, Ihnen Denkanstöße geben oder Ihnen wieder bestimmte Instrumente in Erinnerung rufen, von denen Sie vor langer Zeit einmal gehört oder gelesen, die Sie im Routinegeschäft jedoch aus den Augen verloren haben.

Natürlich gelingt so ein Buch nicht im Alleingang, weshalb ich mich bei Diplom-Wirtschaftsingenieur Rainer Franzen für die kritische Durchsicht von Gliederung und Manuskript herzlich bedanken möchte. Frau Leonie Zimmermann schulde ich Dank für die Korrekturarbeiten und wertvolle Anregungen zur sprachlichen Glättung von zuweilen etwas verwickelt formulierten Sätzen. Schließlich ein Dank an Herrn Kilian vom Verlag C.H. Beck, ohne dessen Zutun dieses Buch sicherlich nicht erschienen wäre.

Ihnen, liebe Leserin, lieber Leser, wünsche ich nun viel Spaß bei der Lektüre. In der Hoffnung, Ihnen den Alltag als Produktmanager etwas leichter gemacht zu haben, verbleibe ich mit den besten Wünschen

Ihr Thomas Ammon
Nürnberg, im März 2009

Produktmanagement: Eine kurze Einführung

Produktmanagement dient dazu, die Abstimmung innerhalb eines Unternehmens im Hinblick auf die Güter bzw. Leistungen, die am Markt angeboten werden, zu optimieren. Der Produktmanager ist für das Angebot verantwortlich und damit zuständig für die Entwicklung und Durchsetzung der Marketingstrategie für ein Produkt oder eine Produktgruppe – von der Ideenfindung und Entwicklung eines Produkts bis zur Elimination aus dem Angebot.

Die Tätigkeiten des Produktmanagers sind u. a.:

▸ Marktbeobachtung und -analyse in Bezug auf erwartete Entwicklungen

▸ Planung und Koordination produkt- und marktbezogener Maßnahmen

▸ Kreation von Ideen für Produktneuentwicklungen oder Produktoptimierungen

▸ Umsetzung der Ideen im Rahmen des Projektmanagements

▸ Überprüfung des Markterfolgs

Entwicklung des Produktmanagements

Darüber, wann das Produktmanagement „erfunden" wurde, herrscht in der Literatur Uneinigkeit. Man kann jedoch festhalten, dass es sich im Zeitraum vom Ende der 1920er-Jahre bis zum Beginn der 1930er-Jahre etabliert hat.

Einigkeit besteht allerdings darin, dass der Konsumgüterhersteller Procter & Gamble (P&G) das Produktmanagement erstmals implementiert hat. Der Anlass war die zunächst fehlgeschlagene Einführung einer Pflegeserie unter dem Namen „Camay": Das Neuprodukt konnte sich am Markt nicht durchsetzen und verursachte große Verluste. Jede Abteilung suchte den Fehler bei der jeweils anderen.

Mit der Lösung des Problems wurde der P&G-Nachwuchsmanager Neil H. McElroy betraut. Er sollte alle externen und internen produktbezogenen Aktivitäten von Camay koordinieren. Das Projekt wurde zum Erfolg, Camay existiert heute noch und McElroy wurde später sogar CEO von P&G. Das neue Managementkonzept hatte sich bewährt, sodass es bei P&G für alle neuen Produkte Anwendung fand.

Bis in die 1950er-Jahre wurde Produktmanagement als Managementkonzept ausschließlich in den USA eingesetzt. Nach Deutschland kam es zunächst durch die Tochtergesellschaften amerikanischer Unternehmen. Ende der 1960er-Jahre führte Henkel im Rahmen einer betrieblichen Reorganisation Divisions mit Produktmanagern ein, die jeweils Entscheidungs- und Anordnungsbefugnis für alle produktbezogenen Aufgaben wie Produktentwicklung, Produktion und Marketing erhielten.

Produktmanager: Produktspezialist und Funktionengeneralist

Im Gegensatz zum Controller, Marketingmanager oder Entwicklungsingenieur ist der Produktmanager ein Produkt- und Marktspezialist und besitzt umfangreiche Kenntnisse über

▶ seine Produkte,

▶ die Märkte, auf denen diese angeboten werden,

▶ die gegenwärtigen Kundenwünsche,

▶ zukünftige Trends und Entwicklungen,

▶ Wettbewerbsprodukte und deren Stärken und Schwächen im Vergleich zu den eigenen Angeboten,

▶ Chancen und Risiken, die aus zukünftigen Entwicklungen erwachsen.

> Neben Spezialkenntnissen sollten Sie über generalistisches Wissen in den Bereichen Controlling, Vertrieb/Verkauf, Forschung & Entwicklung und auch Marketing verfügen, damit Sie sich nicht blind auf die Fähigkeiten und Kenntnisse Ihrer Kollegen verlassen müssen.

Der Funktionenspezialist verfügt nicht über das spezielle Produkt- und Marktwissen. Er arbeitet zumeist in seiner abgeschotteten Welt ohne Kunden- oder Produktberührungen. Vielerorts ist es sogar so, dass Fachkräfte in Controlling, Personalwesen, F&E und sogar im Marketing regelrechte Scheu vor unmittelbaren Kundenkontakten haben. Der Kunde ist für sie ein weitgehend unbekanntes und unberechenbares Wesen. Nur selten lässt sich der Kundenwunsch oder die Entwicklung von Kundenbedürfnissen in Excel-Tabellen oder Adressstatistiken zusammenfassen. Schöne Pläne müssen ständig nachgebessert und überarbeitet werden. Und nicht selten verfallen die Funktionenspezialisten darauf, dem Produktmanager die Schuld an den unzureichenden Planungen zu geben. In diesem Konfliktfeld wird häufig auch die Daseinsberechtigung des Produktmanagers infrage gestellt.

Wer benötigt eigentlich Produktmanager?

„First-Mover-Unternehmen", also Unternehmen, die mit Produktinnovationen und neuen Produkten reüssieren, sind prädestiniert für den Einsatz von Produktmanagern, da diese i. d. R. über hohe Kreativität und Risikofreude verfügen, um so zu echten Innovationen zu gelangen.

Auch „Second-Fast-Unternehmen" können Produktmanager sinnvoll einsetzen, da durch eine aufmerksame Analyse der Märkte und vor allem der Neuentwicklungen der Wettbewerber schnelle Reaktionen möglich werden.

Für sogenannte „Kostenführerunternehmen", also jene, die erst spät auf Trends reagieren und nicht durch Innovationen überzeugen wollen, genügen günstig angeheuerte Produktbetreuer, die leicht austauschbar sind. Aufwendige Marktbeobachtungen, Kundenbefragungen u. Ä. sind hier nicht notwendig – das Unternehmen kompensiert seine mangelnde Kreativität durch den Preiswettbewerb.

Auf den Punkt gebracht

Als risikofreudiger Innovator im Unternehmen muss der Produktmanager über generalistisches Funktionenwissen, aber auch tiefe Produkt- und Marktkenntnisse verfügen.

Was macht ein Produktmanager?

Wie ist das Marketing im Unternehmen organisiert?

Seit den frühen 1920er-Jahren waren die Unternehmen von Produktions- und Distributionsorientierung geprägt. Marketing im eigentlichen Sinne gab es noch nicht. Der Anbieter mit seinen Produkten dominierte die Märkte und der Nachfrager musste dankbar sein, etwas kaufen zu dürfen. Kundenwünsche standen zu jener Zeit nicht im Mittelpunkt dieser sog. Verkäufermärkte. So wird Henry Ford der Satz zugeschrieben: „Das T-Modell kann man in jeder Farbe haben, solange sie schwarz ist." Durch diese Art der Produktion konnten die Unternehmen Skaleneffekte erzielen, die die Produktion der Güter vergünstigte.

Zunehmender Wettbewerb und Sättigungserscheinungen begannen die Märkte zu drehen. Der Markt und damit die Kundenorientierung traten in den Fokus der Unternehmen. Zuerst versuchten diese, durch verstärkte Verkaufsanstrengungen ihre Produkte in die Märkte zu drücken. Als dies nicht mehr ausreichte, gewann die Produktorientierung, also Relaunches bestehender oder die Entwicklung neuer Produkte, an Bedeutung. Nun war auch das Marketing stärker gefragt. Und auch die Produktmanager gewannen an Bedeutung. Sie trugen nun Verantwortung für

▸ Produktinnovationen,

▸ Produktverbesserungen und

▸ Produktdifferenzierungen.

Durch den Wandel von der Beschaffungsorientierung hin zur Käuferorientierung gelang dem Marketing der entscheidende Schritt zu größerer Bedeutung.

Da nicht nur Kundenwünsche in die Produktentwicklung einfließen, sondern zunehmend auch ökologische, soziale, politische und ethische Gesichtspunkte, wird Marketing mehr und mehr zum integrierten Marketing, welches das komplette Denken des Unternehmens dominieren soll.

> Das Integrierte Marketing soll ein ganzheitliches Bild des Unternehmens schaffen und erhalten, um dauerhaften Markterfolg für das Unternehmen zu gewährleisten.

In den Organigrammen von Unternehmen findet sich Marketing heute als gleichberechtigter Bereich neben Beschaffung, Produktion, Vertrieb, Verwaltung sowie Forschung & Entwicklung.

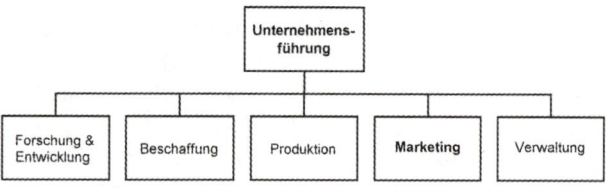

Funktionsorientierte Einlinienorganisation

Die Abbildung zeigt ein Unternehmen mit einer funktionalen Organisation, bei der das Unternehmen nach Funktionseinheiten oder Funktionsbereichen geordnet wird.

Den Gegensatz bildet die divisionale Organisation. Hier erfolgt eine Unterteilung des Unternehmens nach Objekten, z. B. Produkt- und Kundengruppen oder Absatzregionen. Die so entstandenen Organisationseinheiten werden dann als „Divisions", „Bereiche" oder „Sparten" bezeichnet.

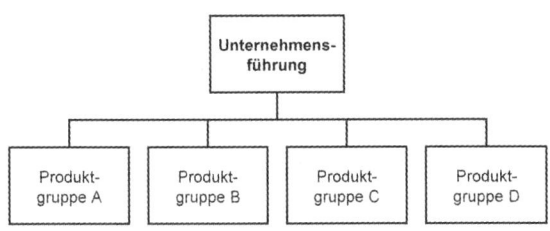

Produktorientierte Einlinienorganisation

Einen Schritt weiter geht die Matrixorganisation, bei der ein als „Zweiliniensystem" bezeichnetes Organisationsschema verwendet wird, das nach zwei Kriterien unterteilt. Damit ist der Mitarbeiter zwei weisungsbefugten Vorgesetzten unterstellt.

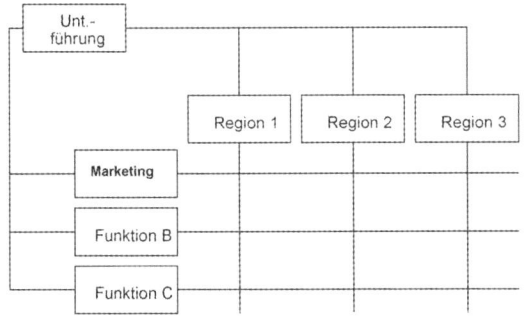

Matrixorganisation

Wo findet man den Produktmanager im Unternehmen?

Zumeist ist der Produktmanager im Rahmen einer Einlinienorganisation im Marketing angesiedelt. Ob das sinnvoll ist, muss jedes Unternehmen für sich entscheiden. Denn es besteht angesichts der großen Bedeutung eines gut funktionierenden Produktmanagements die Möglichkeit, die Funktionen des Produktmanagements als Stabsstelle der Unternehmensleitung zu installieren. Damit wäre der Produktmanager von den Problemen, die mit der Unterstellung unter eine Marketingleitung verbunden sind, entbunden, die oftmals nicht die komplette Wertschöpfung des Unternehmens verinnerlicht hat.

Noch effektiver wäre eine sogenannte „reine Produktmanagementorganisation", bei der das Unternehmen nach Produktprogrammbereichen organisiert ist, denen die Bereiche Marketing, Einkauf, Vertrieb, F&E, Personal und Controlling zuarbeiten. Alles in allem würde diese Organisation auf eine Spartenorganisation, die nach Produktbereichen gegliedert ist, hinauslaufen.

Vorteile der divisionalen Gliederung sind die starke Ausrichtung auf die Märkte, eine größere Flexibilität bei Entscheidungen, weitgehende Autonomie der Divisions, was zu einer Steigerung der Motivation beitragen kann. Zudem wird die Unternehmensleitung von Entscheidungen des Tagesgeschäfts weitgehend entlastet und kann sich auf Visionen, Strategien und Controlling konzentrieren.

> Die divisionale Organisationsform stellt wohl die beste Organisation für Produktmanager und deren Motivation dar.

Bei der Matrixorganisation könnten eigene Produktbereiche geschaffen werden, die sich mit den klassischen Linienfunktionen kreuzen. Allerdings ist diese Organisationsform sehr stark von Konflikten geprägt, da unterschiedliche Interessen ungefiltert aufeinandertreffen können. In derartigen Situationen ist die Unternehmensleitung als Entscheider gefordert, was leicht zu einer Überlastung führen kann. Zudem werden hierfür Führungskräfte benötigt, die eine breite Leitungsspanne (die vertikale und die horizontale Gliederung) zu verkraften in der Lage sind.

Der Vorteil dieser Organisationsform ist, dass Entscheidungen immer zumindest aus zwei Perspektiven (der des Produkts/Marktes und jener der Funktion) analysiert werden. Zudem kontrollieren sich beide Funktionen, was die innerbetriebliche Kooperation und die Förderung von Übereinstimmung unterstützen kann.

Auf den Punkt gebracht

Es ist von der Organisationsform des Unternehmens abhängig, für welche Form der Einbindung des Produktmanagements es sich entscheidet.

Die Aufgaben des Produktmanagers

Wenn man verschiedenen Stellenanzeigen in den Tageszeitungen bzw. in den Stellenmärkten des Internets studiert, gewinnt man leicht den Eindruck, dass es sich beim Produktmanager (PM) um eine „eierlegende Wollmilchsau" handelt. Eindeutige ansagen, was er eigentlich zu tun hat, kann man dort nicht herauslesen. Einmal wird ein wirtschaftswissenschaftliches Studium vorausgesetzt, ein anderes Mal ist ein technisches Studium unerlässlich. Viele Personalverantwortliche setzen dann wahrscheinlich voraus, dass der Bewerber sich den jeweils anderen Teil des Wissens (also das technische Wissen für den Kaufmann und das wirtschaftswissenschaftliche Know-how beim Techniker) irgendwie „anliest".

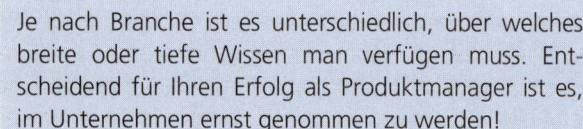

Je nach Branche ist es unterschiedlich, über welches breite oder tiefe Wissen man verfügen muss. Entscheidend für Ihren Erfolg als Produktmanager ist es, im Unternehmen ernst genommen zu werden!

In der folgenden Tabelle sind einige Tätigkeiten aufgeführt und zugleich wird die Frage beantwortet, ob es sich dabei um eine Tätigkeit des Produktmanagements handelt:

Aufgabe	Produktmanager-Tätigkeit?
Behandlung von Kundenreklamationen	Hierfür sollte eigentlich die Verkaufsabteilung zuständig sein bzw. ein eigens eingerichteter Kundenservice, wenn das Unternehmen viele Kundenkontakte hat. Natürlich liefern Ihnen die Kundenreklamationen Anregungen für

Aufgabe	Produktmanager-Tätigkeit?
	Produktoptimierungen. Aber das „Klein-Klein" der Reklamationsabwicklung sollte nicht Ihr Job sein! **Keine klassische PM-Tätigkeit!**
Produktberatung beim Kunden	Auch hier ist der Vertrieb gefragt. **Keine PM-Tätigkeit!**
Durchführung von Verkaufsförderungsaktionen	Hier ist das Marketing bzw. der Vertrieb in der Pflicht! **Keine PM-Tätigkeit!**
Gewinnung neuer Kunden	Auch hier ist i. d. R. der Vertrieb oder das Marketing gefragt. Allerdings ist im B2B-Sektor bei wenigen Großkunden die Anwesenheit des PM zu empfehlen, wenn nicht sogar die Unternehmensleitung hier aktiv werden muss! **Teilweise PM-Tätigkeit!**
Durchführung von Produktschulungen	Vertrieb, Außendienst und Marketing sind über die Produkte, Kunden und Märkte ausreichend zu informieren. **Klassische PM-Tätigkeit!**
Bewertung von Vertrieb und Distribution	Der Produktmanager kennt Produkte, Wettbewerber und deren Aktivitäten besser als jeder andere. Deshalb kann er die eigenen Aktivitäten auf diesem Sektor sehr gut bewerten. **Klassische PM-Tätigkeit!**

Aufgabe	Produktmanager-Tätigkeit?
Enge Kontakte zur Zielgruppe	Der Produktmanager muss versuchen, „Teil der Zielgruppe" zu werden, um Entwicklungen und Trends frühzeitig zu erkennen, aufzugreifen und in marktfähige Angebote umzusetzen. **Klassische PM-Tätigkeit!**

Warum wird aber bei einigen in der Tabelle geschilderten Tätigkeiten doch immer wieder erwartet, dass der Produktmanager tätig wird, obwohl das eigentlich nicht seine Aufgabe ist? Zum einen delegieren die Funktionsbereiche (vor allem Marketing, Vertrieb und Verkauf) gern die o. g. Tätigkeiten an den Produktmanager zurück, weil sie damit

▸ ihre eigene Abteilung entlasten,

▸ unangenehme Aufgaben elegant loswerden und

▸ die Verantwortung für eventuelle Fehlschläge abgeben können.

Durch die Unklarheit, die in vielen Unternehmen über die Aufgaben des Produktmanagers herrscht, ist dieser Form von Rückdelegation Tür und Tor geöffnet.

Zum anderen macht der Produktmanager oft den Fehler, nicht loslassen zu können. Schließlich hängt häufig sein Herzblut an den Produkten oder Dienstleistungen, die er entwickelt hat. Da möchte er sich den Erfolg nicht unbedingt von den Funktionsbereichen „vermasseln" lassen. Die Folge ist dann zumeist die Überlastung des Produktmanagers, die im Endeffekt zu schlechteren Ergebnissen führt als eine Delegation an die Funktionsbereiche.

Loslassen können

In einem Großkonzern ist der erste Montag eines jeden Monats für das Management reserviert, um sich über das „Loslassen" auszutauschen. Über das Jahr hinweg überprüft sich damit das Unternehmen komplett selbst, beispielsweise welche Aktivitäten abgegeben werden können oder wovon sich das Unternehmen trennen sollte. Zweimal im Jahr berichten die Führungskräfte darüber, was tatsächlich umgesetzt wurde.

Was zeichnet einen Produktmanager aus?

Erfolgreiche Produktmanager und solche, die es werden wollen, zeichnen sich in erster Linie durch ein dickes Fell und Beharrlichkeit im Verfolgen ihrer Ziele aus.

Natürlich ist es nicht von Schaden, wenn der Produktmanager eine unternehmerische Persönlichkeit ist, da er im übertragenen Sinne in die Fußstapfen des innovativen Gründerunternehmers tritt. Kreativität und Innovativität zum Entwickeln neuer Ideen statt von Me-too-Produkten sind wohl seine grundlegenden Tugenden.

Ein guter Produktmanager sollte auch die Fähigkeit zur Moderation von heterogenen Teams beherrschen. Nicht selten sitzen mit ihm am Tisch Ingenieure, Controller, Marketingleute und die Experten aus dem Vertrieb. Jeder verfolgt eigene Interessen, und es ist Aufgabe des Produktmanagers, hier einen Konsens herzustellen. Die vielbeschworene Teamfähigkeit hat aber ihre Grenzen, wenn in der Konzeptions- oder Umsetzungsphase für neue Angebote etwas in eine Richtung läuft, die er als „Markt- und

Kundenmanager" für falsch hält. Dann ist Durchsetzungsvermögen gefragt. Dazu müssen Sie Ihre Interessen (und damit auch die Ihrer Kunden) klar benennen. Hilfreich ist dabei, wenn Sie über Überzeugungskraft und Begeisterungsfähigkeit verfügen, um Ihr Produkt sowohl unternehmensintern als auch extern kommunikativ gut zu „verkaufen".

Neben einem guten Zahlenverständnis und diplomatischem Geschick beim Umschiffen interner und externer Klippen ist es von entscheidender Bedeutung, dass der Produktmanager sich in erster Linie als starker Fürsprecher „seiner" Zielgruppe und „seiner" Produkte erweist. Dafür ist es notwendig, Bestandteil dieser Zielgruppe zu werden.

Wie wird man Teil der Zielgruppe und bleibt der Zielgruppen- und Produktexperte im Unternehmen?

Was zunächst ziemlich abstrakt mit „Teil der Zielgruppe werden" umschrieben wird, ist ein langer Prozess, den der Produktmanager zu absolvieren hat. Möglichst täglich, zumindest aber einmal pro Woche sollte der Produktmanager unmittelbar vor Ort bei seinen Kunden sein und diese bei der Anwendung „seines" Produkts oder bei der Verwendung eines Wettbewerberprodukts beobachten und mit ihnen darüber sprechen. Durch diese zwar aufwendige, aber sehr effektive Form der Marktforschung kann er viel über die Probleme seiner Kunden und ihrer Arbeit mit entsprechenden Produktangeboten erfahren. Diese Erkenntnisse helfen später bei der Entwicklung und Durchsetzung neuer Produktideen im Unternehmen.

Präsentation von Ideen

Wenn Sie neue Produktideen vor Ihren Vorgesetzen und Kollegen präsentieren, müssen Sie immer aus Sicht der Kunden argumentieren. Niemand kann, ja – niemand darf die Kunden besser kennen als Sie. Wenn Ihnen das gelingt, kann eigentlich niemand mehr gegen Ihren Vorschlag sein!

Natürlich gibt es immer noch Vorgesetzte, die einwerfen, der Bekannte eines Bekannten sei auch Mitglied der Zielgruppe, und auf einer Gartenparty hätte er mit ihm gesprochen und etwas ganz anderes herausgehört. In solchen Situationen hilft es meistens, Fragen nach den genaueren Umständen des Gesprächs zu stellen, denn zwischen Grillwürstchen und Bier ist es wohl kaum möglich, ein sinnvolles Kundengespräch zu führen. Sollte auch das nicht weiterhelfen, müssen Sie sich mithilfe der Kunst der gepflegten Beleidigung Ihres Vorgesetzten aus der Affäre ziehen, sofern Sie sich das leisten können.

Auf Messen, Tagungen und Seminaren besteht die Möglichkeit, in unmittelbaren Kontakt mit Ihrer Zielgruppe zu treten. In dieser im Gegensatz zum Arbeitsplatz des Kunden entspannteren Umgebung lassen sich interessante und häufig offenere Gespräche führen.

Sinnvoll erscheint es auch, wenn Sie als Referent bei solchen Veranstaltungen auftreten und Ihr Unternehmen repräsentieren. Auch das Publizieren von Fachartikeln in Fachzeitschriften der Zielgruppe trägt dazu bei, sich im Laufe der Zeit einen guten Ruf aufzubauen.

Alle diese Maßnahmen erfordern viel Zeit und Aufwand vom Produktmanager. Aus diesen Gründen ist es logisch, dass er sich der Tätigkeiten entledigen muss, die ihn daran hindern, seiner Zielgruppe möglichst nahezukommen.

Selbstverständlich steigt mit der Akzeptanz in den Reihen der Zielgruppe auch das Ansehen des Produktmanagers im eigenen Unternehmen. Er entwickelt sich zu einer Autorität in allen Fragen, die seine Kunden, seine Märkte und seine Produkte betreffen. Entlässt ein Unternehmen einen Produktmanager, so entsteht ihm durch den Know-how-Abfluss ein erheblicher Schaden, da das Wissen und die Kontakte vom Nachfolger erst wieder mühsam aufgebaut werden müssen. Glück hat dann in der Regel ein Konkurrenzunternehmen, das einen Produktexperten einkauft.

> **!** Es ist für Sie als Produktmanager durchaus von Vorteil, gute Kontakte zu Ihren Wettbewerbern zu halten. Einerseits können Sie so bestimmte Dinge erfahren, die Sie sonst nie herausbekommen würden. Andererseits ist es nicht selten, dass der Wettbewerber von heute der Arbeitgeber von morgen ist.

Welche Risiken muss der Produktmanager kennen?

Kompetenzen und Verantwortung

An erster Stelle ist hier zu nennen, dass Kompetenzen und Verantwortlichkeit übereinstimmen müssen.

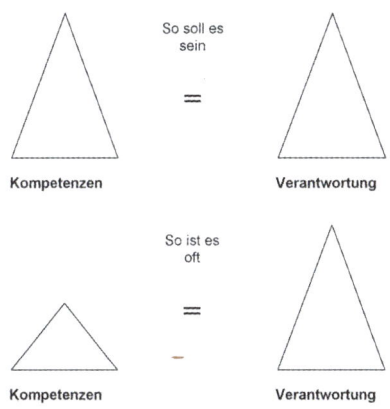

Zuordnung von Kompetenzen und Verantwortung

In der ersten Abbildung stimmen Kompetenzen, also Rechte und Befugnisse zur Aufgabenerfüllung, und Verantwortung, also die Pflicht des Produktmanagers, Rechenschaft über die ihm übertragenen Aufgaben abzulegen, überein. So ist es richtig und so sollte es auch sein! Aber leider ist es häufig so wie in der zweiten Abbildung dargestellt.

Drängen Sie darauf, dass Kompetenz und Verantwortung in Ihrem Aufgabenbereich übereinstimmen.

Zielvereinbarungen

Sie stimmen mit Ihrem Vorgesetzen, zumeist im Herbst eines Jahres, Ihre Ziele für das kommende Jahr ab. Gerade für junge Produktmanager ist dieses Gespräch sehr risikobehaftet. Schließlich weiß man noch nicht, ob man in der Lage sein wird, die vereinbarten Ziele zu erreichen. Auch nutzen Vorgesetzte gern die Unerfahrenheit junger Produktmanager aus, um unerreichbar hohe Ziele anzusetzen, um im Folgejahr (und in allen darauffolgenden Jahren) ein Druckmittel in der Hand zu haben bzw. sich um die Zahlung von Erfolgsprämien zu drücken.

Ziele müssen gemeinsam vereinbart und nicht „top-down" von Ihrem Vorgesetzten diktiert werden.

> **!** Achten Sie darauf, realistische und erreichbare Ziele zu vereinbaren. Sprechen Sie sich nach Möglichkeit mit Ihren Kollegen im Produktmanagement ab, um zu erfahren, welche Ziele ihnen in den vergangenen Jahren gesetzt wurden.

Voraussetzungen für eine gelungene Zielvereinbarung:

▸ Wenige, aber aussagekräftige Ziele müssen gemeinsam festgelegt werden.

▸ Messbarkeit des Zielerreichungsgrades: Das bedeutet, dass die Ziele in Zahlen ausgedrückt werden müssen.

▸ Es werden nur solche Ziele vereinbart, die im Steuerungs-, Verantwortungs- und Entscheidungsbereich des Mitarbeiters liegen.

▸ Die Ziele müssen erreichbar sein.

▸ Die Ziele sind präzise formuliert, damit keine unterschiedlichen Deutungen möglich sind.

▸ Es müssen Anreize für den Mitarbeiter geschaffen werden, die mit der Zielerreichung verbunden sind.

Auf den Punkt gebracht

Ein guter Produktmanager ist innovativ, kreativ und kann gut mit Menschen umgehen. Er verfügt über Durchsetzungsvermögen und diplomatisches Geschick. Im Arbeitsalltag sollte er darauf drängen, dass Verantwortung und Kompetenz übereinstimmen und dass ihm realistische Ziele gesetzt werden.

Produktmanager als Schnittstellenmanager

Als Produktmanager befinden Sie sich im Mittelpunkt allen Geschehens, wie die folgende Abbildung zeigt. Jede der dargestellten Bezugsgruppen begegnet dem Produktmanager mit anderen Anforderungen, die auf einen gemeinsamen Nenner gebracht werden müssen.

Von vorrangigem Interesse sind an dieser Stelle die betriebsinternen Berührungspunkte mit Kollegen, Vorgesetzten und internen Dienstleistern, da diese vom Produktmanager eher beeinflusst werden können als die Kontakte zu Kunden, Lieferanten und der sonstigen Öffentlichkeit. Unter dem Stichwort „laterale Kooperation" ist die zielorientierte, arbeitsteilige Erfüllung von Aufgaben durch etwa gleichgestellte Personen zu verstehen. Das trifft Ihre Stellung als Produktmanager recht exakt.

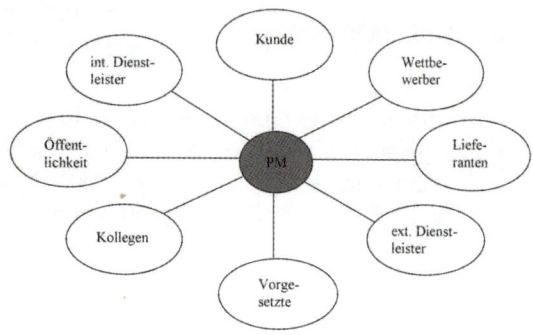

Der Produktmanager (PM) als Schnittstellenmanager

Der Produktmanager ist oft ein „Herrscher ohne Land": Er ist gegenüber seinen Kollegen in Controlling, Marketing, Vertrieb, F&E nicht weisungsbefugt. Deshalb muss er sie durch Überzeugungskraft für seine Vorhaben gewinnen.

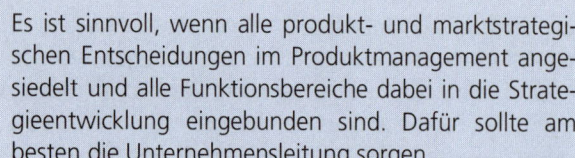

Es ist sinnvoll, wenn alle produkt- und marktstrategischen Entscheidungen im Produktmanagement angesiedelt und alle Funktionsbereiche dabei in die Strategieentwicklung eingebunden sind. Dafür sollte am besten die Unternehmensleitung sorgen.

Auf den Punkt gebracht

Als Produktmanager stehen Sie im „Strahlungsfeld der Ereignisse". Läuft etwas gut, hat der Erfolg viele Väter – geht etwas schief, stehen Sie schnell allein da. Aber Kopf hoch: Jeder, der einmal im Produktmanagement tätig war, weiß das und wird Sie gerecht beurteilen können.

Produktmanagement: Tools und Hilfsmittel

Produktmanagement-Strategien sind im Spannungsfeld interner und externer Entwicklungen zu formulieren. Deshalb müssen vier grundlegende Fragen geklärt werden:

▸ Welche Faktoren der Umwelt und des Unternehmens sind für die Zukunft des Unternehmens von Bedeutung?

▸ Welche Prognosemöglichkeiten der Umwelt- und Unternehmensentwicklung sind zielführend?

▸ Durch welche Quellen können Umwelt- und Unternehmensinformationen ermittelt werden?

▸ Wie können die gewonnenen Ergebnisse in den Planungsprozess des Produktmanagements einfließen?

Strategien werden typischerweise in drei Schritten formuliert:

▸ Gegenwarts- und Zukunftsorientierung

▸ Entwicklung der strategischen Stoßrichtung

▸ Formulierung der Produkt-Markt-Strategie

Kennzahlen für das Produktmanagement

Eine Grundvoraussetzung für erfolgreiches Produktmanagement ist Sicherheit im Umgang mit Kennzahlen. So können Sie die quantitative Bewertung von Sachverhalten als Basis für die Ableitung weiterer Maßnahmen verwenden.

Bei den Kennzahlen können Sie zwischen Markt- und Absatzkennziffern differenzieren. Als Marktkennziffern können nen Sie

▸ Marktkapazität,

▸ Marktpotenzial,

▸ Marktvolumen und

▸ Marktanteil

heranziehen.

Absatzkennziffern sind beispielsweise

▸ Neubedarf von Produkten,

▸ Ersatzbedarfsermittlung,

▸ Absatzvolumen und

▸ Absatzanteil.

Marktkennziffern

Marktkapazität

Die Marktkapazität ist eine theoretische Obergrenze eines Marktes, die Sie nur erreichen können, wenn alle potenziellen Käufer ihren Bedarf auf stillen. Dies ist aber i. d. R. nie der Fall ist.

Marktpotenzial

Konkreter als bei der Marktkapazität lässt sich das Marktpotenzial ermitteln, das der maximalen Aufnahmefähigkeit eines Marktes entspricht. Dabei wird von der Annahme

ausgegangen, dass die Marktkapazität nicht voll ausgeschöpft werden kann, sondern dass es einen Anteil an
Konsumverweigerern gibt.

Marktvolumen

Das Marktvolumen stellt die reale Größe eines Marktes dar.
Hierfür existieren auch valide Daten, beispielsweise aus
Marktforschungsuntersuchungen etc.

Marktanteil

Der Marktanteil ist schließlich der Anteil Ihres Unternehmens am Marktvolumen. Er kann in der Menge an abge-
setzten Produkten oder auch am finanziellen Umsatzanteil
gemessen werden.

> Vor allem das Marktvolumen sollten Sie immer im Au-
> ge haben, denn es wächst einerseits durch Neubedarf
> und schrumpft andererseits durch Ersatzbedarf.

Absatzkennziffern

Neubedarf

Der Neubedarf stellt den Anteil am noch nicht erschlosse-
nen Marktpotenzial dar. Das bedeutet, dass potenzielle
Kunden bereits auf der Suche nach Angeboten sind, der
Kaufprozess aber noch nicht abgeschlossen ist.

Ersatzbedarf

Ersatzbedarf kann z. B. durch ein kaputtes Produkt, aber auch durch den Willen, ein altes Gerät durch ein neueres, energiesparendes zu ersetzen, entstehen. Auch modische oder Designaspekte können Ersatzbedarfe auslösen.

Absatzvolumen und Absatzanteil

Das Absatzvolumen ist der tatsächliche Absatz von Produkten durch das eigene Unternehmen für die Befriedigung von Neu- und Ersatzbedarf. Das Umsatzvolumen gibt den tatsächlichen Wert (Menge mal Stückpreis) in Geldeinheiten an. Der Absatzanteil lässt sich berechnen, indem Sie den eigenen Absatzanteil durch das Absatzvolumen des Marktes dividieren. So erhalten Sie eine prozentuale Größe.

Ermittlung von Kennzahlen

Umsatzrendite

Die Umsatzrendite gibt das Verhältnis von Gewinn und Umsatzerlös wieder. Das Unternehmen strebt eine möglichst hohe Umsatzrentabilität an, da eine niedrige Umsatzrentabilität, steigende Kosten und/oder sinkende Erlöse schnell zu Verlusten führen können.

Formal wird die Umsatzrendite so berechnet:

$$\text{Umsatzrentabilität} = \frac{\text{Gewinn}}{\text{Umsatz}} \times 100$$

Kapitalrendite: ROI – Return on Investment

In enger Beziehung zur Umsatzrendite steht der Return on Investment (ROI). Hiermit wird die Rentabilität des unternehmerischen Handelns gemessen. Berechnet wird die Kapitalrendite auf das eingesetzte Kapital. Der laufende Kapitalertrag umfasst Dividenden und Zinsen.

$$\frac{\text{Kapitalertrag}}{\text{Kapitaleinsatz}} \times 100$$

$$\text{Umsatzrendite} \times \text{Kapitalumschlag}$$

$$= \frac{\text{EGT} \times 100}{\text{Betriebsleistung}} \times \frac{\text{Betriebsleistung}}{\text{Bilanzsumme}}$$

EGT: Ergebnis der gewöhnlichen Geschäftstätigkeit

Folgende Richtwerte erfolgreicher Unternehmen lassen sich beim ROI benennen:

	ROI	Umsatz-redite	Kapital-umschlag
Industrie (Erzeugung)	≥ 8,0 %	5 %	1,6 ×
Gewerbe (Handwerk)	≥ 12,0 %	6 %	2,0 ×
Großhandel	≥ 7,5 %	3 %	2,5 ×
Einzelhandel	≥ 10,0 %	4 %	2,5 ×

Liegt der Kapitalumschlag unter 1,2, sollten Sie prüfen, ob bereitgestelltes Vermögen abgebaut werden kann.

Break-Even-Berechnung

Der Break-Even-Point (auch als Deckungspunkt oder Gewinnschwelle, kritischer Punkt oder Mindestumsatz bzw. Nutzenschwelle bezeichnet) ist der Punkt, an dem die gesamten Kosten gleich den gesamten Erlösen sind. Es gilt: Erlöse = Kosten; Gewinn = 0. Liegt die Produktionsmenge unterhalb des Break-Even-Points, werden Verluste erwirtschaftet, bei höherer Menge wird ein Gewinn erzielt.

Es ist von entscheidender Bedeutung für das Unternehmen den BEP so früh wie möglich zu erreichen.

Der BEP kann sowohl mengenmäßig in Stück

$$BEP = \frac{\text{fixe Kosten}}{\text{Umsatzerlöse} - \text{variable Kosten}}$$

als auch als wertmäßige Gewinnschwelle ausgewiesen werden:

$$BEP = \frac{\text{fixe Kosten}}{1 - \text{variable Kosten/Umsatzerlöse}}$$

Durch diese Formeln ist es auch möglich, eine Produktionsmenge zu ermitteln, bei der ein angestrebter Mindestgewinn realisiert wird. Der Mindestgewinn ist dann wie ein erhöhter Fixkostenblock zu betrachten:

$$\frac{\text{fixe Kosten} + \text{geforderter Gewinn}}{\text{Umsatzerlöse} - \text{variable Kosten}}$$

Für den Break-Even-Point stehen keine Branchenvergleichswerte zur Verfügung, da er sehr stark auf den unternehmensinternen Kostenstrukturen beruht. Für erfolgreiche Unternehmen gibt es die Empfehlung, den Break-Even-

Point in Prozent der Betriebsleistung als Kennzahl „Sicherheitsgrad" festzulegen.

Dieser Sicherheitsgrad soll anzeigen, um wie viel Prozent der Umsatz zurückgehen kann, bevor der Break-Even-Point erreicht ist. Er sollte mehr als 10 % betragen. Das ist der Fall, wenn die Fixkosten höchstens 90 % des Deckungsbeitrags betragen. Gewarnt sein sollte das Unternehmen mit einem Sicherheitsgrad von weniger als 3 %, da hier die Gefahr besteht, selbst bei geringen Umsatzschwankungen nach unten in die Verlustzone abzurutschen.

Beispiel für die Break-Even-Berechnung

Angenommen, Sie sind Produktmanager in einer Sandwich-fabrik und verkaufen im Jahr 12.000 Sandwiches (Stück). Ihre Fixkosten belaufen sich auf 10.000 Euro pro Jahr und Sie verlangen pro Sandwich 2,50 Euro. Der Einkaufspreis bzw. die Herstellungskosten pro Sandwich liegen bei 0,50 Euro. Der Stückdeckungsbeitrag liegt also bei 2,00 Euro (2,50 Euro abzüglich 0,50 Euro). Wie viele Sandwiches müssen Sie verkaufen, damit Sie die Gewinnschwelle erreichen, die fixen Kosten also durch den Stückdeckungsbeitrag gedeckt sind?

➔ *Break-even-Point = 10.000 Euro : 2 Euro = 5.000 Stück.*

Wenn Sie also mindestens 5.000 Sandwiches pro Jahr verkaufen, sind Ihre fixen Kosten gedeckt und Ihr Stand macht ab dieser im Jahr Gewinn.

Deckungsbeitragsrechnung

Der Deckungsbeitrag kann durch die Trennung der Kosten in zeitabhängige (= fixe) und mengenabhängige (= variable) Kosten ermittelt werden, die von einem Kostenträger (Produkt, Kunde, Verkaufsgebiet) zur Abdeckung der fixen Kosten sowie ggf. zur Erwirtschaftung eines Gewinns zur Verfügung steht.

Erlöse – variable Kosten = Deckungsbeitrag

Wichtig ist, dass alle Kostenträger einen Deckungsbeitrag von größer null erwirtschaften, da andernfalls die Ausweitung der Produktionsmenge zu einer Verschlechterung des Ergebnisses führt. Der Deckungsbeitrag ist aber nicht das alleinige Kriterium für die Entscheidungen, die zur Sortimentspolitik herangezogen werden sollen. Auch Image- oder Komplementärgesichtspunkte oder negative Deckungsbeiträge in der Einführungsphase müssen beachtet werden.

So ist es durchaus möglich, dass man Produkte mit einem negativen Deckungsbeitrag im Sortiment behält, weil diese durch gutes Image auf andere Produkte positiv abstrahlen bzw. das Sortiment ergänzen.

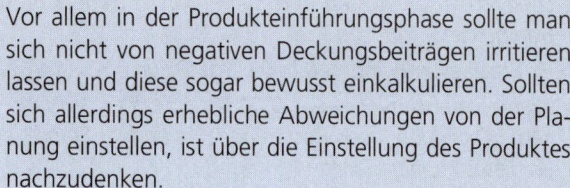

Vor allem in der Produkteinführungsphase sollte man sich nicht von negativen Deckungsbeiträgen irritieren lassen und diese sogar bewusst einkalkulieren. Sollten sich allerdings erhebliche Abweichungen von der Planung einstellen, ist über die Einstellung des Produktes nachzudenken.

Konkurrenzanalyse: Orientierung auf dem Markt

Jedes Unternehmen ist dem Wandel seiner Umwelt ausgeliefert. Der Erfolg eines Unternehmens zeigt sich daran, wie es gelingt, sich diesen Veränderungen anzupassen.

Umweltanalyse

Die Umweltanalyse dient dazu, wirtschaftliche, politisch-rechtliche, soziale, technologische, demografische und ökologische Einflüsse einer Analyse mit Blick auf die für das Unternehmen relevanten Veränderungen zu unterziehen.

Womit beschäftigt sich die Unternehmensanalyse?

Systematische Sammlung, Verdichtung, Auswertung und Interpretation relevanter Informationen über das eigene Unternehmen stehen im Mittelpunkt der Unternehmensanalyse. Es können z. B. folgende Fragen geklärt werden:

▸ Wie positioniert sich das Unternehmen in der Gegenwart und in der Zukunft bei Prozessen, Ressourcen und Kompetenzen im Gegensatz zu den Wettbewerbern?

▸ Welche Aktivitäten bilden die Wertschöpfungskette des Unternehmens?

▸ Wie kann das Geschäftsmodell des Unternehmens strukturiert werden?

▸ Welches sind die strategisch relevanten Ressourcen für das Unternehmen?

Um valide Daten zu gewinnen, müssen Sie Vergleiche mit Wettbewerbern, also eine Konkurrenzanalyse durchführen. Vorteilhaft ist es hier, wenn Sie gute Kontakte zu Kollegen in anderen Unternehmen haben, die sich an ähnliche oder gleiche Zielgruppen wenden wie Ihr Unternehmen.

Die Beurteilung der Umweltentwicklung, ohne auf die unternehmensinternen Potenziale einzugehen, ist allerdings wenig aussagekräftig, ebenso die Analyse der unternehmensinternen Faktoren ohne die Beachtung der Umwelt. Aus diesem Grund haben sich Instrumente wie

▸ die Wertschöpfungskette,

▸ Branchenstruktur- und Wettbewerbsanalyse,

▸ die Chancen-Gefahren-Analyse,

▸ die Gap-Analyse und

▸ das Benchmarking

etabliert, die diesen Anforderungen besser Rechnung tragen. Sie verzichten auf die strikte Trennung von unternehmensinternen und -externen Faktoren.

Marks & Spencer und die neuen Kernkompetenzen

Die Warenhauskette kann als Paradebeispiel für einen Paradigmenwechsel bei den Kernkompetenzen angesehen werden. Lange Zeit bestand die Kompetenz von Warenhäusern darin, den Einkauf und Verkauf von Waren, die ihnen die Hersteller anboten, zu optimieren. Marks & Spencer stellte jedoch fest, dass man als Händler die Bedürfnisse der Kunden, also der Unternehmensumwelt, besser kennt als die Produzenten.

Folglich ließ man nicht mehr den Hersteller die Produkte entwerfen, sondern gab Waren nach eigenen Entwürfen (und Kostenvorgaben) in Auftrag. Heute führen so gut wie alle Warenhäuser eigene Hausmarken.

Wertschöpfungskette

Unter Wertschöpfung versteht man den Unterschied zwischen dem Wert der vom Unternehmen erstellten und dem der von diesem bezogenen Leistungen.

Die Wertschöpfungskette basiert auf sechs Annahmen:

▸ Der Gesamtwert eines Produkts ist der Betrag, den der Kunde dafür zu bezahlen bereit ist.

▸ Um eine befriedigende Gewinnspanne zu erreichen, ist eine differenzierte Betrachtung und Ausgestaltung der Wertschöpfungsaktivitäten notwendig.

▸ Die Teilaktivitäten müssen entlang dem Wertschöpfungsprozess angeordnet werden.

▸ Nicht nur das Unternehmen wird betrachtet, sondern seine Einbettung in die gesamte Branche.

▸ Die Wertschöpfungskette ist im Vergleich zu jener der Konkurrenten zu analysieren und ggf. anzupassen.

▸ Wettbewerbsvor- oder -nachteile lassen sich nur ermitteln, wenn nicht nur Teilaspekte betrachtet werden, sondern auch die Art ihrer Abwicklung überprüft wird.

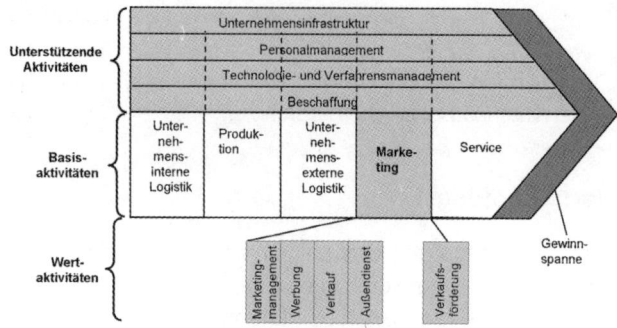

Wertschöpfungskette nach Michael Porter

Die Wertschöpfungskette unterscheidet zwischen Basisaktivitäten wie

▸ unternehmensinterne Logistik,

▸ Produktion,

▸ unternehmensexterne Logistik,

▸ Marketing und

▸ Service

und unterstützenden (sekundären) Aktivitäten wie

▸ Beschaffung,

▸ Technologie- und Verfahrensmanagement,

▸ Personal und

▸ Unternehmensinfrastruktur.

Die Basisaktivitäten des Marketings lassen sich weiterhin in sogenannte „Wertaktivitäten" unterteilen, nämlich

▸ Marketingmanagement,

▸ Werbung,

▸ Verkaufsverwaltung,

▸ Außendienst und

▸ Verkaufsförderung.

Branchenstruktur- und Wettbewerbsanalyse

Ein weiteres nützliches Hilfsmittel für den Produktmanager stellt die Branchenstruktur- und Wettbewerbsanalyse dar. Sie geht auf Michael Porter zurück und versetzt Sie in die Lage, geeignete Strategien abzuleiten, indem Sie die Branchenstruktur und Wettbewerber Ihrer Branche analysieren.

Die Wettbewerbsintensität und Gewinnchancen in einer bestimmten Branche werden dieser Konzeption zufolge von fünf Faktoren bestimmt:

▸ **Bedrohung durch neue Konkurrenten:**

Neben vorhandenen Wettbewerbern, die Sie gut kennen, können neue Anbieter auf den Plan treten, die zunächst niemand beachtet. Ob ein neuer Wettbewerber angreift, hängt zumeist von den Eintrittsbarrieren Ihrer Branche ab. Als Produktmanager können Sie sich fragen, ob ein hoher Kapitalaufwand für den Angreifer notwendig ist oder ob die Umstellungskosten Ihrer Kunden, wenn sie zum neuen Anbieter wechseln, eher hoch oder eher niedrig sind: Sind die Umstellungskosten gering, ist die Gefahr schon größer, dass Ihre Kunden Wechselgedanken hegen. Weitere Faktoren können beispielsweise einfacher oder schwieriger Zugang für den Wettbewerber zu Distributionskanälen, Käuferloyalität, vertragliche Bindung der Abnehmer usw. sein.

▶ **Rivalität unter den Unternehmen der Branche:**

Die Rivalität innerhalb einer Branche steigt an, wenn die Kapazitäten der Unternehmen nicht ausgelastet sind. Durch starken Wettbewerb versuchen sie, zu einer besseren Auslastung zu kommen. Sind Ihre Produkte mit denen der Wettbewerber nahezu identisch, ist die Gefahr der Kundenabwanderung groß. Auch die Umstellungskosten spielen hier eine Rolle. Zusätzlich sind die Austrittsbarrieren zu bedenken. Ist es für Ihr Unternehmen schwierig, seine Produktion einzustellen, dann werden Sie eher Verluste akzeptieren, als die hohen Austrittskosten in Kauf zu nehmen.

▶ **Verhandlungsmacht der Lieferanten:**

Die Gewinnspanne Ihres Unternehmens wird umso geringer sein, je abhängiger Sie von Ihren Lieferanten sind und je geringer der Wettbewerb unter diesen ist. Bestehen oligopolistische Strukturen und existieren keine Substitutionsangebote, wird sich die Gefahr verstärken.

▶ **Verhandlungsmacht der Abnehmer:**

Nicht nur Ihre Lieferanten können Druck auf Ihr Unternehmen ausüben. Auch die Kunden bestimmen die Machtverhältnisse in Ihrer Wertschöpfungskette. Besonders machtvoll sind sie, wenn Sie nur wenige Großkunden haben. Ein Nachfrageboykott eines Großkunden kann Ihr Unternehmen schnell in eine bedrohliche Situation bringen.

▸ **Bedrohung durch Ersatzangebote:**

Die Gefahr entsteht, wenn die Angebote einer Branche durch die anderer Branchen ersetzt werden können. Je stärker sich das Preis-Leistungs-Verhältnis der Produkte annähert, umso größer ist die Gefahr, durch Substitutionsprodukte in Bedrängnis zu geraten. Hier können Ihnen wiederum hohe Umstellungskosten aufseiten der Kunden zugutekommen und natürlich auch die Kundenloyalität.

> Um den Gefahren durch die Wettbewerbskräfte Ihrer Branche effektiv zu begegnen, ist es unerlässlich, dass Sie sich gut um Ihre Kunden kümmern. Kundenloyalität, hohe Umstellungskosten beim Produktwechsel und hohe Markteintritts- und -austrittsbarrieren bei neuen und bestehenden Wettbewerbern sind hierbei ebenfalls hilfreich.

Chancen-Gefahren-Analyse

Um die Umwelt- und Unternehmensanalyse miteinander zu verknüpfen, ist die Chancen-Gefahren-Analyse ein nützliches Instrument. Informationen über zukünftige Entwicklungen der Unternehmensumwelt werden mit den Möglichkeiten des eigenen Unternehmens verbunden.

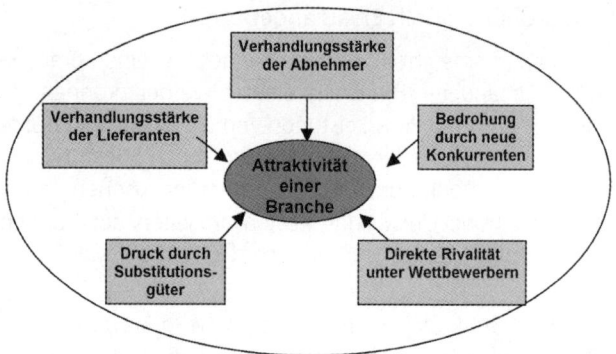

Wettbewerbskräfte einer Branche

Die Chancen-Gefahren-Analyse bestimmt im Vorhinein Entwicklungsmöglichkeiten (Chancen) und Bedrohungen (Gefahren) für das Unternehmen.

Zunächst werden die Stärken und Schwächen des Unternehmens analysiert. Diese werden dann mit Beurteilungen über die Art und Wirkungsstärke künftiger Umweltentwicklungen verglichen. Von einer Chance kann man sprechen, wenn eine prognostizierte Umweltentwicklung mit einer ausgesprochenen Stärke des eigenen Unternehmens korrespondiert. Das bedeutet, dass es besser auf künftige Herausforderungen vorbereitet als der Wettbewerb. Zeigt das eigene Unternehmen aber Schwächen auf Gebieten, in denen mit Umweltveränderungen zu rechnen ist, birgt dies eine Gefahr für das Unternehmen.

Auf den Punkt gebracht

Die Chancen-Gefahren-Analyse ist geeignet, Zukunfts-entwicklungen zu erfassen, die für das Unternehmen von Interesse sind. Allerdings bietet sie noch keine Emp-fehlungen für entsprechende Handlungen und Aktio-nen. Das bleibt weiter der Kreativität des Produktmana-gers überlassen.

Gap-Analyse

Die Gap-Analyse bietet nach Durchführung der Chancen-Gefahren-Analyse die Möglichkeit zu erkennen, inwieweit ein Unternehmen bereits vorgebaut hat, um künftige Ziele auch zu erreichen. Eine unter den gegenwärtigen Umstän-den zu erreichende Entwicklung einer Größe wird mit dem anvisierten Ziel verglichen. Beispielsweise können die Grö-ßen Umsatz, Gewinn oder Deckungsbeitrag herangezogen werden. Die festzustellende Lücke (Gap) wird dann in ei-nen operativen und einen strategischen Bereich aufgeglie-dert. Die operative Lücke kann durch Aktivitäten des Pro-duktmanagers geschlossen werden, während zur Beseiti-gung der strategischen Lücke Maßnahmen von höheren Hierarchieebenen notwendig sind.

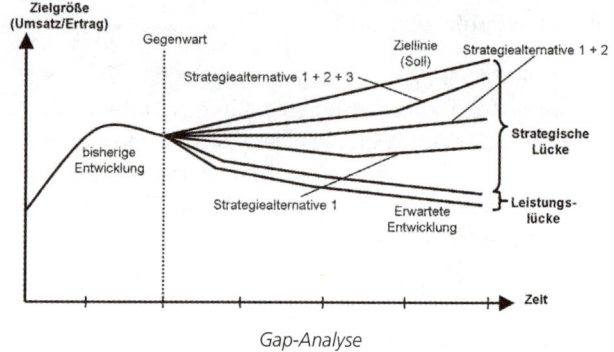

Gap-Analyse

Es muss diejenige Strategie gewählt werden, die die best-möglichste Zielerreichung gewährleistet. Durch die Strate-gieauswahl sind auch alle weiteren Handlungen bestimmt, sodass weitere Diskussionen mit den Funktionsabteilungen entfallen bzw. auf ein Minimum reduziert werden können.

Nachteilig ist bei der Gap-Analyse allerdings, dass die Stra-tegieüberlegungen nur innerhalb des bestehenden Ge-schäftsmodells stattfinden. Neue, bislang nicht beachtete Aspekte bleiben weitgehend außen vor. Allerdings zwingt die Gap-Analysetechnik dazu, Zielvorstellungen zu formu-lieren und in messbarer Form festzuhalten. Gerade für Ziel-vereinbarungen ist dieses Instrument deshalb sehr nützlich.

Augustinus und die leeren Kirchen

Ein Paradebeispiel für eine verfehlte Strategie lieferte ein eifriger Mönch, der viele Kirchen in der Wildnis baute. Ein Brief seines Vorgesetzten, des heiligen Augustinus, erklärte ihm dann, wie er bessere Resultate erzielen könne: „Im Himmel freut man sich nicht über leere Kirchen."

Benchmarking

Unter Benchmarking versteht man das Bemühen, Produkte und Dienstleistungen, Prozesse und Methoden wirtschaftlicher Aktivitäten über mehrere Unternehmen oder Bereiche hinweg zu vergleichen – mit dem Ziel, Unterschiede zu anderen Unternehmen oder Bereichen zu offenbaren, Ursachen für Abweichungen aufzuzeigen und wettbewerbsorientierte Zielvorgaben zu ermitteln.

Weiter oben wurde empfohlen, gute Kontakte zum Wettbewerb zu pflegen. Das Konzept des Benchmarkings erklärt, warum das nötig ist. Das Hauptmerkmal des Benchmarkings besteht darin, dass sich das Unternehmen mit den besten Unternehmen seiner Branche oder auch anderer Branchen vergleicht. Es wird auch von „Best Practice" oder vom „Best-of-Class-Vergleich" gesprochen.

Kombiniert man die Konkurrenzanalyse mit dem Benchmarking, können nicht nur die eigenen Stärken und Schwächen im Vergleich zum Wettbewerber herausgearbeitet, sondern auch Leistungslücken und Schritte zur Korrektur der eigenen Wettbewerbsfähigkeit abgeleitet werden.

Zwei Überlegungen liegen dem Benchmarking zugrunde:

▸ Es gibt kein Unternehmen, das in sämtlichen Bereichen an der Spitze steht.

▸ Benchmarking folgt der Überlegung, dass es manchmal besser ist, etwas gut zu kopieren, als es schlecht selbst zu machen.

Befürworter des Benchmarkings sehen in der Erweiterung des reinen Kostenvergleichs auf Prozesse, Produkte und Methoden die typischste Ausprägung dieses Konzeptes.

Allerdings ist Benchmarking in Deutschland nicht so leicht durchzuführen wie beispielsweise in den Vereinigten Staaten. Aufgrund der dort herrschenden Offenlegungspflichten der Unternehmen ist es wesentlich leichter, den „Klassenbesten" zu finden und Vergleiche anzustellen.

Beim Benchmarking sollten Sie folgendermaßen vorgehen:

1. Schritt: Vorbereitung

▸ Zieldefinition

▸ Wahl der Benchmarking-Partner

▸ Gewährleistung der Vergleichbarkeit

▸ Erarbeitung der Analyseinstrumente wie Fragebogen, Interview usw.

2. Schritt: Datenerhebung

▸ unternehmensinterne Datenerhebung

▸ Datenerhebung beim Benchmarking-Partner

3. Schritt: Datenauswertung

▸ Auswertung der Rohdaten

▸ Identifikation von Leistungs- und Kostenlücken

▸ Identifizieren von übertragbaren Lösungen

4. Schritt: Kommunikation und Maßnahmeneinleitung

▸ interne Kommunikation der Ergebnisse

▸ Definition der Ziele für das weitere Vorgehen

Wie Sie Zukunftsstrategien entwickeln

Wurden im ersten Arbeitsschritt Unternehmens- und Umweltfaktoren mit Blick auf die Gegenwarts- und Zukunftsorientierung untersucht, folgt im nächsten Schritt die Entwicklung der strategischen Stoßrichtung des Unternehmens. Sie als Produktmanager können nun auf die Grundlagenarbeit zurückgreifen und Strategien für die Zukunft entwickeln. Kernpunkt ist hierbei die Suche nach neuen Geschäftsfeldern, Produkten oder Dienstleistungen – die Kernaufgabe des Produktmanagers schlechthin.

Es gibt eine Reihe von Methoden, die Sie dabei unterstützen. Selbstverständlich liefern die nachfolgend vorgestellten Instrumente noch keine fertige Produktidee, sie helfen aber bei der Strukturierung von Gedanken. Auch für die Präsentation neuer Ideen sind diese Instrumente ein guter Ausgangspunkt.

Im Folgenden sollen einige wichtige Instrumente vorgestellt werden.

Marktsegmentierung: Produkt-Markt-Matrix

Die Produkt-Markt-Matrix ist wohl das bekannteste suchfeldanalytische Instrument und geht auf Harry Igor Ansoff zurück. Produkte und Märkte werden danach beurteilt, ob sie durch das Unternehmen bereits bearbeitet werden oder nicht. Aus der zweidimensionalen Darstellung lassen sich die folgenden vier Wachstumsstrategien ableiten:

Marktdurchdringung – nachdrücklichere Bearbeitung bestehender Märkte mit bestehenden Produkten:

▸ Absatzsteigerung bei bestehenden Kunden

▸ Kundengewinnung bei der Konkurrenz

▸ Gewinnung potenzieller Kunden

Mit Klopapier zur Marktdurchdringung

Ein gutes Beispiel für den Einsatz der Marktdurchdringung liefert der Konzern Procter & Gamble, dem es durch den geschickten Einsatz des Marketinginstrumentariums gelang, seine Toilettenpapiermarke „Charmin" zu etablieren.

Produktentwicklung – Entwicklung neuer Produkte für bestehende Märkte

Marktentwicklung – Erschließung neuer Märkte mit vorhandenen Angeboten:

▸ neue Kundengruppen erschließen

▸ neue Distributionskanäle finden

▸ Ausdehnung des Handels auf ausländische Märkte

Auch Boxer mögen Süßes!

Im Rahmen der Marktentwicklung beschritt der Süßigkeitenproduzent Ferrero Neuland, indem er die Zielgruppe für die „Kinder"-Milchschnitte einfach um die Ansprache von Erwachsenen erweiterte. Zunächst war die Milchschnitte nur für Kinder vorgesehen. Mithilfe von Testimonials erwachsener Milchschnittenesser wie den Klitschko-Brüdern wurde aus der Milchschnitte eine Zwischenmahlzeit und mit einem vorhandenen Produktangebot wurde ein neuer Markt erschlossen.

Diversifikation – mit neuen Produkten sollen ganz neue Märkte erschlossen werden:

▶ horizontale Diversifikation – Bearbeitung von Märkten der gleichen Wertschöpfungsstufe

▶ vertikale Diversifikation – Bearbeitung von Märkten, die den bisher bedienten vor- oder nachgelagert sind

▶ laterale Diversifikation – Erschließen gänzlich neuer Märkte, die mit dem bisherigen Geschäft überhaupt nichts zu tun haben

Vom Mixer zum Atomkraftwerk

Ein Paradebeispiel für die laterale Diversifikation stellt der Elektronikkonzern Siemens dar. Da erhält der Kunde fast alles, was er sich wünscht: Sie können dort eine Kaffeemaschine ebenso erwerben wie ein Atomkraftwerk.

Auf Basis dieser Konzeption hat die Boston Consulting Group das bekannte Marktwachstums-Marktanteils-Portfolio entwickelt, das wiederum mit vier Feldern auskommt.

Markt / Produkt	Gegenwärtig	Neu
Gegenwärtig	Markt-durchdringung	Markt-entwicklung
Neu	Produkt-entwicklung	Diversifikation

Vier-Felder-Matrix

Produktlebenszyklus

Aus dem Produktlebenszyklus lassen sich weitere Markt-strategien ableiten.

Der übliche Lebenszyklus eines Produkts umfasst die fol-genden Phasen:

▶ Markteinführung

▶ Wachstumsphase

▶ Reifephase

▶ Sättigung

▶ Rückgang

▶ Absterben/ Weiterentwickeln

Der zeitliche Lebenszyklus des Produkts schlägt sich in den Kennzahlen wie Gewinn und Umsatz nieder.

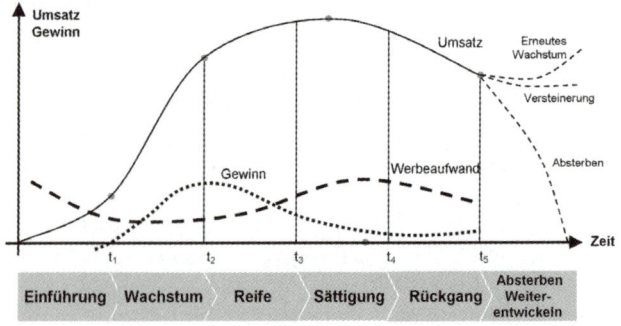

Produktlebenszyklus-Modell

Jede dieser Phasen benötigt differenzierte Maßnahmen durch das Unternehmen:

Einführungsphase: Hohe Anfangsinvestitionen z. B. für neue Produktionsanlagen oder Werbemaßnahmen sind zu tätigen. Das Unternehmen fährt noch Verluste ein.

Wachstumsphase: Es ist ein starker Umsatzanstieg zu verzeichnen, der Break-even-Point wird überschritten, ab diesem Zeitpunkt werden Gewinne erwirtschaftet.

Reifephase: Der Umsatz steigt langsamer an, der maximale Gewinn wird erzielt. Der Wettbewerb wird härter, da nun auch die „Fast Follower" ihre Angebote auf den Markt bringen. Das Unternehmen versucht, dem Problem durch das Ausreizen von Kostendegressionen und verstärkte Marketinganstrengungen zu begegnen. Der Gewinn sinkt.

Sättigungsphase: Der Umsatz hat seinen Höhepunkt erreicht und überschritten. In der Regel finden in dieser Phase Relaunches statt und die Marketingaktivitäten werden intensiviert. Der Gewinn sinkt weiter.

Rückgangsphase: Der Umsatz sinkt deutlich, das Marketing wird zurückgefahren. Läuft es schlecht, werden bereits ab dieser Phase Verluste gemacht.

Absterben oder Weiterentwickeln: Das Produkt wird vom Markt genommen oder durch ein neues Angebot ersetzt. Eventuell kann aber auch durch einen Relaunch neuer Schwung gewonnen werden.

Das blaue Wunder von Hamburg

Über Jahrzehnte hält sich mit der Nivea-Creme ein Produkt, das zwei Weltkriege und viele Wirtschaftskrisen überstanden hat. Die Kombination von Fett und Wasser bilden die Grundlage für einen der größten Markenerfolge überhaupt. Durch eine konsequente Weiterentwicklung des Angebots

> *kennt und schätzt man das Produkt in der blauen Dose in*
> *über zweihundert Ländern.*

Die Kenntnis der Produktlebenszyklen ist Voraussetzung, um die Handlungsempfehlungen des nachfolgend vorgestellten Marktwachstums-Marktanteils-Portfolios (auch bekannt als BCG-Matrix) zu verstehen.

Marktwachstums-Marktanteils-Portfolio

Je nach Positionierung eines Geschäftsfeldes in der Matrix sind bestimmte Aktivitäten des Unternehmens gefragt. Das Marktwachstum in der vertikalen Anordnung zeigt die Phase des Produktlebenszyklus an, während der relative Marktanteil die Marktstellung des Unternehmens verdeutlicht.

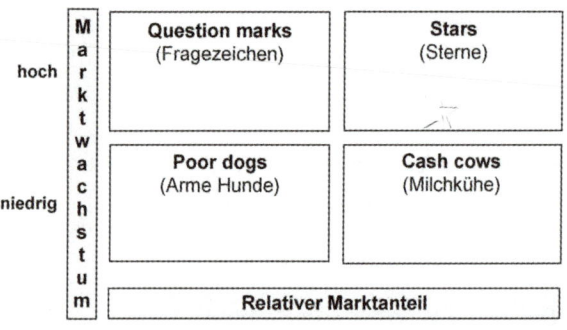

BCG-Matrix

Aus den zwei Dimensionen lassen sich vier Felder ableiten, für die differenzierte Handlungsempfehlungen bestehen:

▸ **Fragezeichen (Question Marks):**

Hierbei handelt es sich um Geschäftsfelder in einem stark wachsenden Markt, in dem das Unternehmen jedoch eine nur schwache Position einnimmt. Das kann z. B. der Fall sein, wenn ein Unternehmen mit einem Produkt am Anfang des Lebenszyklus steht und noch nicht etabliert ist. Hohen Ausgaben stehen geringe Einnahmen gegenüber. Als Normstrategie ist eine offensive Förderung des Produkts mit großen Investitionen zu empfehlen oder eine Defensivstrategie mit dem Rückzug aus dem Marktsegment, falls die weiteren Wachstumsmöglichkeiten negativ eingeschätzt werden.

Bionade

Das Erfrischungsgetränk Bionade ist ein klassisches Beispiel für die Geduld des Unternehmers. Viele Jahre lang wurde entwickelt, getüftelt und geforscht, um mit einer innovativen Brautechnik das neue Angebot auf den Markt zu bringen. Zunächst geschah nichts. Erst als die Bionade in Hamburger Szene-Restaurants angeboten wurden und Zuspruch fand, trat das Getränk seinen weltweiten Siegeszug an. Aus einem Fragezeichen wurde ein Star! Für Sie als Produktmanager eines Kosmetikherstellers oder eines Turnschuhproduzenten kann das nur heißen: Glauben Sie an Ihre Idee und auf das notwendige Quäntchen Glück, das aus einem Produkt auch einen Produkterfolg macht.

▸ **Sterne (Stars):**

Diese Produkte sind Erfolgsbringer: Das Unternehmen ist in einem Wachstumssegment mit einem hohen Marktanteil vertreten. Ziel ist es, diesen Marktanteil zu halten oder weiter auszubauen. Bei der Produktlebenszyklus-Betrachtung sieht man hier die Wachstumsphase, in der bereits Skaleneffekte der Produktion ausgeschöpft werden können.

▸ **Milchkühe (Cash Cows):**

Neben den Sternen tragen die Milchkühe maßgeblich zum Unternehmenserfolg bei. Der Markt wächst nicht mehr besonders schnell, jedoch verfügt das Unternehmen über eine gute Positionierung am Markt mit hohem Marktanteil. Als Strategie ist das Abschöpfen zu empfehlen: Investitionen sollten zurückhaltend getätigt und nur vorgenommen werden, um die gute Wettbewerbsposition zu erhalten.

▸ **Arme Hunde (Poor Dogs):**

In einem wenig berauschenden Marktumfeld verfügt das Unternehmen über eine schwache Marktposition. Die Produkte erwirtschaften nur geringe Erlöse. Die Handlungsempfehlung lautet: Rückzug aus diesem Segment

Marktattraktivitäts-Wettbewerbsvorteils-Portfolio

Natürlich konnte es die Unternehmensberatungsgesellschaft McKinsey nicht auf sich beruhen lassen, dass ihr Wettbewerber Boston Consulting Group mit ihrem Analyseinstrument alleine reüssiert. Also entwickelte man, zusammen mit dem Konzern General Electric, das sogenannte Marktattraktivitäts-Wettbewerbsvorteils-Portfolio mit immerhin neun Feldern und neun Handlungsempfehlungen.

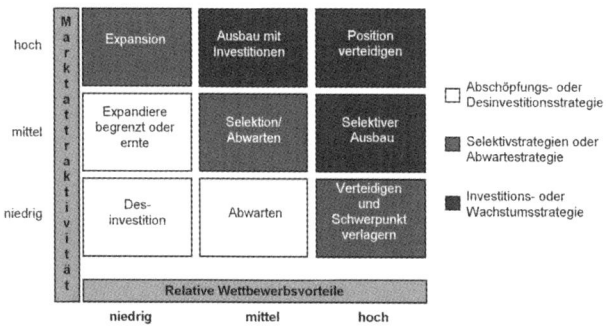

Neun-Felder-Matrix

Der deutlichste Unterschied zur BCG-Matrix ist allerdings der, dass sich die Dimensionen nicht aus einzelnen Kennzahlen zusammensetzen, sondern dass diese aus einer Reihe von gewichteten Merkmalen berechnet werden. Die Marktattraktivität setzt sich beispielsweise aus der Größe des Marktes, dem Potenzial, der Struktur und der Wachstumsrate zusammen. Die Unternehmensdimension wird durch relative Wettbewerbsvorteile berechnet, die u. a. Faktoren wie Marktanteil im Vergleich zum Wettbewerb, Kundenorientierung, Qualifikation der Mitarbeiter usw. umfasst. So können drei Normstrategien abgeleitet werden:

▸ **Abschöpfungs- oder Desinvestitionsstrategie:** Das Unternehmen sollte keine oder nur kleine Investitionen vornehmen und Gewinne abschöpfen. Sollten bereits Verluste realisiert werden, ist die Desinvestition zu empfehlen.

▸ **Selektivstrategie:** Hier sollte das Unternehmen mit überschaubarem Risiko agieren, nur geringe Investitionen vornehmen, um seine Position im Wettbewerb zu behalten.

▸ **Investitions- oder Wachstumsstrategie:** Eine starke Wettbewerbsposition sollte ausgebaut bzw. gehalten und verteidigt werden.

Auf den Punkt gebracht

Es gibt unzählige Tools, die Ihnen als Produktmanager die Arbeit erleichtern können – sie können sie Ihnen jedoch nicht abnehmen. Das gedankliche Rüstzeug haben Sie auf den vorangegangenen Seiten kennengelernt. Nun ist es an Ihnen, diese Hilfsmittel klug einzusetzen.

Produktentwicklung und Produktoptimierung

Produktentwicklung ist der zentrale Aufgabenbereich des Produktmanagements. Nicht in der F&E-Abteilung, nicht im Marketing und schon gar nicht im Controlling werden die Grundlagen für eine erfolgreiche Zukunft des Unternehmens geschaffen. Allein der Produktmanager hat es in der Hand, dies durch die Einführung von neuen Produkten oder die Optimierung bestehender Angebote zu tun.

> Sie als Produktmanager kennen die Bedürfnisse Ihrer Kunden, Sie wissen über die Stärken und Schwächen Ihrer Produkte Bescheid und Sie können Ihre Wettbewerber und deren Angebote sicher einschätzen.

Wozu Neuprodukte entwickeln?

Es könnte alles so schön sein: Ihr Unternehmen bietet ein bestimmtes Produktportfolio an, Ihre Wettbewerber tun dasselbe, und Ihr Unternehmen könnte sich ausschließlich mit sich selbst beschäftigen. Aber es kann der Frömmste nicht in Frieden leben, wenn – ja, wenn es nicht eine Reihe von Faktoren gäbe, die Sie (und selbstverständlich auch Ihre Wettbewerber) umtreiben, immer wieder Neues zu schaffen.

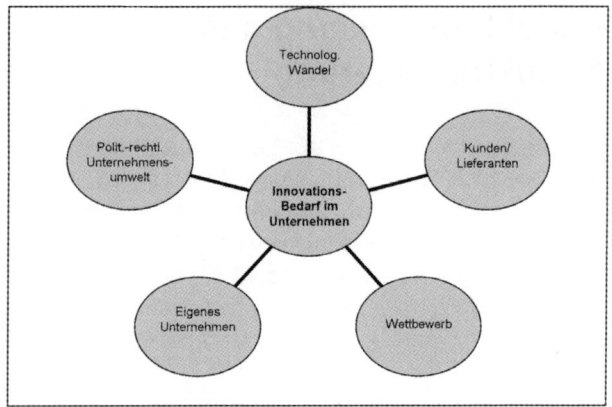

Gründe für Neuproduktentwicklungen

Innovationsbedarf besteht aus vielen Gründen:

▸ **Technologischer Wandel:** Unaufhaltsam schreitet der technische Fortschritt voran. Gleichzeitig veraltet Ihr Angebot, was wiederum bedeutet, dass es an Attraktivität verliert und Sie mit zurückgehendem Absatz rechnen müssen. Mit neuen Produkten sind Sie in der Lage, mit dem Wandel Schritt zu halten.

▸ **Kunden/Zulieferer:** Ihr Unternehmen agiert nicht allein auf dem Markt. Entweder fragen Ihre Kunden neue Angebote nach, weil sie mit dem vorhandenen nicht mehr zufrieden sind, oder Ihre Lieferanten bieten Ihnen neue technische Möglichkeiten zur Optimierung Ihrer Produkte an.

Mit Beschwerden zum Erfolg

Das Unternehmen 3M erarbeitet nach eigenen Angaben zwei Drittel seiner Produktoptimierungen auf Basis der systematischen Auswertung von Kundenbeschwerden.

▸ **Wettbewerber:** Natürlich schläft auch Ihr Wettbewerber nicht und wird permanent versuchen, durch noch bessere Angebote Ihre Kunden auf seine Seite zu ziehen (was zugegebenermaßen umgekehrt auch Ihr Ziel sein sollte).

▸ **Eigenes Unternehmen:** Auch innerhalb Ihres Unternehmens bestehen Möglichkeiten, neue Angebote zu entwickeln. Beispielsweise drängen jüngere Mitarbeiter darauf, neue Lösungen zu erfinden. Auch Sie als Produktmanager betrachten den Lebenszyklus Ihrer Produkte aufmerksam und können leicht feststellen, wann es an der Zeit ist, ein vorhandenes Angebot durch ein frisches zu ersetzen.

▸ **Umfeld:** Schließlich verändern sich auch poltisch-rechtliche oder ökologische Umfeldgegebenheiten, die Sie dazu veranlassen, Ihre Angebote zu verändern. Steigende Energiepreise zwingen Sie beispielsweise dazu, neue energiesparende Produkte zu entwickeln.

Auf den Punkt gebracht

Folgende Gründe führen zu Produktinnovationen:

▸ kürzere Produktlebenszyklen

▸ schnelles Veralten von Produkten/Angeboten

▶ neue Technologien

▶ schneller Wandel der Kundenwünsche

▶ Aktivitäten der Wettbewerber

▶ Veränderungen durch Gesetzgeber, Umweltauflagen, etc.

Woher die Ideen nehmen?

Die Entwicklung von erfolgreichen Neuprodukten setzt die Kreation neuer Produktideen voraus. Die Quellen der Ideenfindung sind sehr vielfältig. Zunächst kann man zwischen unternehmensinternen und unternehmensexternen Ideenquellen unterscheiden.

Externe Quellen

Externe Quellen können Ihnen zu einer Vielzahl von Sachverhalten wertvolle Informationen liefern. Die folgende Checkliste nennt Ihnen einige wichtige Anlaufstellen:

Checkliste: Externe Quellen	
Statistische Daten	✓
Gesetzesblätter und Mitteilungen staatlicher Stellen	
Verbandsinformationen	
Daten von Marktforschungsinstituten	
Messen/Ausstellungen/ Kongresse	
Fachzeitschriften	

Checkliste: Externe Quellen	
Datenbanken	
Patentanmeldungen	
Wettbewerbsangebote	

Wenn Sie vor allem lokale Informationen suchen, können Sie sich natürlich auch einfach an Händler in Ihrer Nähe oder direkt an Ihre Kunden wenden.

Vom Umgang mit Datenbanken

Für eine detaillierte Informationssuche eignen sich die Datenbanken von staatlichen Stellen, aber auch von kommerziellen Anbietern. Hier finden Sie auf fast jede Frage die passende Antwort. Diese Daten können Sie dann mit den Datenbeständen Ihres Unternehmens verknüpfen, um Erkenntnisse zu gewinnen.

So können Sie bei der Nutzung externer Datenbanken vorgehen:

Checkliste: Nutzung externer Datenbanken	
Vorbereitung der Suche: Was wollen Sie finden? ▸ Definieren Sie geeignete Suchbegriffe. ▸ Recherchieren Sie nach geeigneten Hosts und Quellen/Datenbanken.	✓
Eruieren Sie, ob es kostenlose Test-Suchmöglichkeiten gibt. Viele der professionellen Anbieter haben solche Test-Suchfunktionen bereits im Angebot.	

Checkliste: Nutzung externer Datenbanken	
Schränken Sie am Anfang Ihre Suche nicht zu sehr ein, es kann vorkommen, dass Sie dadurch interessante Dokumente ausschließen.	
Durch das Studium von Artikeln gelangen Sie zu weiteren Suchbegriffen, die Ihnen dabei helfen, Ihre Suche zu verfeinern.	
Nutzen Sie die telefonischen Hotlines der Datenbankanbieter. Dort sitzen zumeist sehr gut ausgebildete Mitarbeiter, die Ihnen bei der gezielten Suche helfen können.	

Wie Sie Wettbewerber unter die Lupe nehmen

So banal es klingen mag: Selbst der Katalog Ihres Wettbewerbers kann Ihnen Anregungen für neue Produkte liefern. Dabei muss es gar nicht unbedingt das Plagiat eines Wettbewerbsproduktes sein, das Ihnen dabei in den Sinn kommt. Sie erkennen durch das aufmerksame Studium auch die Lücken im Angebot Ihres Wettbewerbers, die Ihr Unternehmen gegebenenfalls zu schließen in der Lage ist.

Folgende Checkliste kann Ihnen dabei helfen, eine aufschlussreiche Konkurrenzanalyse, beispielsweise im lockeren Gespräch mit einem Kollegen der Konkurrenz, vorzunehmen:

Checkliste: Fragestellungen zur Konkurrenzanalyse	
Reaktionsprofil des Wettbewerbers:	✓
▸ Wie ist der Konkurrent mit der gegenwärtigen Situation zufrieden?	
▸ Welche Schritte oder Veränderungen plant der Konkurrent?	
▸ Gibt es Punkte, bei denen der Konkurrent angreifbar ist?	
▸ Welches wird die wirkungsvollste Reaktion des Konkurrenten im Hinblick auf Gefahren und Risiken sein?	
Gegenwärtige Strategie des Wettbewerbers:	
▸ Wie verhält sich Ihr Wettbewerber gegenwärtig im Wettbewerb (aggressiv, passiv)?	
Vorteile des Wettbewerbers:	
▸ Wo liegen die Stärken und die Schwächen des Wettbewerbers?	
Annahmen des Wettbewerbers:	
▸ Wie schätzt sich der Wettbewerber selbst ein?	
▸ Wie schätzt der Wettbewerber seine Stellung innerhalb der Branche ein?	
Ziele des Wettbewerbers für die Zukunft:	
▸ Welche Ziele und Strategien verfolgt der Wettbewerber in der Zukunft?	

Natürlich ist so ein Gespräch immer ein Geben und Nehmen. Das bedeutet, dass auch Sie Ihrem Kollegen manche Einschätzungen Ihres Unternehmens preisgeben müssen.

Wenn Sie sich für eine Befragung im Rahmen eines Benchmarking-Prozesses entschieden haben, kann Ihnen die folgende Checkliste weiterhelfen:

Checkliste: Benchmarking (nach Horváth/Herter 1992, S. 4 ff.)	
Bestimmen Sie eine geeignete Kontaktperson bei Ihrem Benchmarking-Partner. Diese sollte in der Hierarchie des Unternehmens möglichst weit oben angesiedelt sein und über die entsprechenden Befugnisse verfügen, Ihnen Auskünfte zu erteilen. Sie sollte aber auch in der Lage sein, die Chancen für ihr Unternehmen zu erkennen, die sich aus einem Informationsaustausch ergeben.	✓
Entwickeln Sie bereits vor der Begegnung klare Vorstellungen über Ihre Ziele bei der Besichtigung.	
Versuchen Sie, ein beiderseitiges Interesse am Informationsaustausch zu erreichen.	
Bereiten Sie sich mit einer Beschreibung der zu untersuchenden Themen auf die Besichtigung vor.	
Vergewissern Sie sich, dass die Sie interessierende interne Funktion dokumentiert ist und sowohl hinsichtlich der angewandten Methoden als auch der geeigneten Messgrößen Klarheit und Vergleichbarkeit besteht.	
Benennen Sie ein Team für die Besichtigung, das aus nicht mehr als zwei oder drei Experten besteht.	
Bereiten Sie eine Fragenliste vor.	
Führen Sie nun die Besichtigung durch, sammeln Sie alle wichtigen Daten.	
Versuchen Sie, während der Besichtigung die Kernpunkte festzuhalten. Ist dies nicht möglich, versuchen Sie kurz danach, dies zu tun.	

Checkliste: Benchmarking (nach Horváth/Herter 1992, S. 4 ff.)	
Nach Abschluss der Besichtigung sollte es keine Verständnisfragen mehr geben. Diese Fragen müssen Sie während der Besichtigung klären.	
Spätestens am Ende der Besichtigung sollten Sie Ihr Angebot zum Gegenbesuch unterbreiten.	
Im Rahmen der Besuchergruppe sollten Sie nach der Besichtigung Ihre Daten gemeinsam auswerten und in einem Bericht zusammenfassen.	
Nun müssen Sie sich schriftlich bei Ihrem Benchmarking-Partner bedanken.	
In einem internen Bericht fassen Sie die Ergebnisse Ihres Besuches zusammen.	

Konkrete Quellen

In der folgenden Tabelle sind einige konkrete Quellen aufgeführt, die Ihnen bei der Informationssammlung nützlich sein können. Hierbei handelt es sich z. T. um kostenpflichtige, aber auch um kostenlose Angebote.

Wirtschaftsdatenbanken	Aktieninformationen
Genios (www.genios.de)	Reuters (http://de.reuters.com)
GBI (www.gbi.de)	vwd (www.vwd.de)
LexisNexis (www.lexisnexis.de)	

Firmeninformationen	Markt- und Brancheninformationen
Handelsregister über GBI-Datenbank (siehe GBI) Dumrath & Fassnacht (www.dufa-index.de) Creditreform (www.creditreform.de) Hoppenstedt (www.hoppenstedt.de) Dun & Bradstreet (http://datastarweb.com)	ESOMAR (www.esomar.org) Marketresearch.com (www.marketresearch.com) BBE Unternehmensberatung GmbH (www.bbeberatung.com)
	Branchenberichte von Banken
	Commerzbank (www.commerzbank.de) Deutsche Bank (www.dbresearch.com)

Interne Quellen

Auch Ihr eigenes Unternehmen kann sich als wahre Fundgrube erweisen: Ihre Mitarbeiter und Ihre Firmendaten ermöglichen oft interessante Erkenntnisse. Die folgende Checkliste führt die wichtigsten internen Quellen auf.

Checkliste: Interne Quellen	
Außendienstanregungen	✓
Vorschlagswesen	
Absatz- und Kundenstatistiken	
Markt- und Wettbewerbsanalysen	
F&E-Abteilung	
Eigene Marktforschung	

Außendienst- und Kundendienstberichte

Der Außendienst und auch die Mitarbeiter des Kunden-dienstes sind wichtige Ideenlieferanten für das Unterneh-men. Diese Mitarbeiter erfahren vor Ort von den Bedürfnis-sen und Interessen der Kunden. Auch Berichte über Prob-leme bei der Anwendung von Produkten sowie Reklamati-onen sind wertvolle Informationen, um Verbesserungen zu initiieren oder bestimmte Schwachstellen bei Neuproduk-ten auszumerzen.

In vielen Unternehmen ist es üblich, dass die Mitarbeiter an der „Kundenfront" ihre Erfahrungen in standardisierte For-mulare eintragen. Betrachten Sie das Durcharbeiten dieser Berichte nicht als lästige Pflicht, sondern als Quelle für neue Ideen!

Außendienst-Know-how nutzen

Gehen Sie mit Ihrem Außendienst auf Tour. Er fühlt sich aufgewertet und Ihre Kunden haben die Möglichkeit, ein-mal unmittelbar mit dem Produktverantwortlichen zu spre-chen. Zudem können Sie, Ihre Kunden in ihrer unmittelba-ren Anwendungssituation beobachten!

Betriebliches Vorschlagswesen

Auch von Mitarbeitern, die nicht in unmittelbarem Kun-denkontakt stehen, können interessante Anregungen für neue Produkte oder Produktverbesserungen kommen. In moderierten Quality Circles können solche Ideen diskutiert werden. Aber auch das Installieren eines internen betriebli-chen Vorschlagswesens – über eine interne Datenbank –

kann sinnvoll sein, um neue Ideen zu gewinnen, zu sammeln und auszuwerten.

Kunden- und Absatzstatistiken

Diese Aufstellungen zeigen Ihnen, in welchen Bereichen es gut läuft und wo Optimierungsbedarf besteht. Brechen beispielsweise in einem bestimmten Bereich die Verkäufe ein, müssen Sie hier zur Analyse ansetzen. Ist es vielleicht einem Wettbewerber gelungen, in Ihr Absatzsegment einzudringen, haben sich technische Veränderungen ergeben, die Ihre Produkte noch nicht berücksichtigen?

> **!** Ein guter Produktmanager weiß immer genau, was die Käufer mit seinem Produkt anfangen. Motor von Innovationen sind nämlich nicht der technische Fortschritt oder was technisch machbar scheint, sondern die sich wandelnden Bedürfnisse der Kunden. Deshalb müssen Sie herausfinden, was die Kunden gegenwärtig daran hindert, ein ihren Bedürfnissen entsprechendes Produkt zu kaufen.

Markt- und Wettbewerbsanalysen/Marktforschung

Als Produktmanager haben Sie permanent alle Aktivitäten auf Ihren Märkten im Blick. Sobald sich hier Veränderungen ergeben, müssen Sie aktiv werden. Auch die Unterstützung durch eine interne Marktforschungsabteilung kann hier hilfreich sein, um bestimmte Informationen einer vertieften Untersuchung zu unterziehen.

In diesem Kapitel finden Sie eine Reihe von Checklisten und Arbeitshilfen, die Ihnen Denkanstöße für Ihre eigene Marktforschung liefern.

Eigene F&E-Abteilung

In Ihrer Forschungs- und Entwicklungsabteilung sitzen die technischen Experten für die Produktentwicklung. Auch wenn dort Mitarbeiter tätig sind, die selten in Kundenkontakt treten und oft in aufwendige technologische Lösungen verliebt sind, die vom Kunden so gar nicht verlangt werden, sind diese Kollegen interessante Ansprechpartner für innovative Ideen. Suchen Sie das Gespräch mit ihnen, selbst wenn Sie meistens nur die Hälfte von dem verstehen, was Ihnen die Techniker erzählen!

Wie Sie die Kreativität im Unternehmen fördern

Wahrscheinlich bietet auch Ihr Unternehmen seine Produkte auf weitestgehend saturierten Märkten an, auf denen Sie zudem noch mit steigendem Wettbewerbsdruck und zurückgehenden, bestenfalls stagnierenden Gewinnmargen agieren. Ihre Wettbewerbsposition können Sie nur halten oder verbessern, wenn es Ihnen gelingt, innerhalb kurzer Zeit neue marktfähige und erfolgreiche Angebote zu entwickeln. Das bedeutet, dass Sie nicht auf Zufallserfindungen vertrauen, sondern systematisch Ihre eigene sowie die Kreativität Ihrer Mitarbeiter und Kollegen nutzen sollten. Durch den Einsatz von Kreativitätstechniken kann dies erreicht werden.

Was sind Kreativitätstechniken?

Mit Kreativitätstechniken erreichen Sie, dass in Ihrem Unternehmen die Innovationsprozesse im Hinblick auf Planung, Entwicklung und Gestaltung von Innovationen zielgerichtet ablaufen. Das kreative Potenzial der Mitarbeiter wird freigesetzt, in die richtige Richtung entwickelt und für das Unternehmen nutzbar gemacht.

> Besonders gut können sich Kreativitätstechniken in einer Umgebung entfalten, in der autoritäre Führungsstrukturen und die Betonung besonderer materieller Anreize vermieden werden.

Was sind Kreativitätstechniken?

Kreativitätstechniken sind Werkzeuge zur Ausschöpfung des kreativen Potenzials Ihrer Mitarbeiter

- ❖ zur Förderung neuer Ideen,
- ❖ zur Gewinnung möglichst vieler Wahlmöglichkeiten,
- ❖ zur Verbesserung des Problemlösungsverhaltens der Mitarbeiter,
- ❖ vor allem in der Entwicklungs- und Produktionsplanungsphase,
- ❖ zur langfristigen Sicherstellung des Unternehmenserfolgs.

Einsatz von Kreativitätstechniken

Warum werden Kreativitätstechniken benötigt?

Neben den schon weiter oben genannten marktdeterminierten Gründen gibt es auch im Unternehmen Kreativitäts- und Innovationsbarrieren, die mithilfe von Kreativitätstechniken abgebaut werden können.

Viele Mitarbeiter haben Angst vor Veränderungen. Durch den Einsatz von Kreativitätstechniken kann eine Kultur der Offenheit geschaffen werden, in der Veränderungen als etwas Positives, das Unternehmen Stabilisierendes angesehen werden.

Auch formale und hierarchische Strukturen hemmen in vielen Unternehmen Innovationen, da die Mitarbeiter unterer Hierarchiestufen in der Regel von ihren Vorgesetzten nur eine geringe Wertschätzung erfahren. Zudem behindert das Tagesgeschehen in den Unternehmen kreatives Denken.

Ferner herrscht noch immer der Irrglaube vor, gute Ideen flögen kreativen Menschen einfach so zu. Aber schon Goethe wusste, dass Genie zu 90 % aus Transpiration und zu 10 % aus Inspiration besteht. Ebenso ist der Glaube an Zufallserfindungen nach wie vor weit verbreitet. Die Kenntnis von Kreativitätstechniken kann solchen Irrtümern entgegenwirken. Kreativität ist – zumindest in einem bestimmten Umfang – erlernbar!

Warum werden Kreativitätstechniken benötigt?

Motive für eine intensivierte Förderung der Kreativität durch Kreativitätstechniken:

❖ ansteigender Konkurrenzdruck

❖ kürzere Lebensdauer der Produkte

❖ sich ändernde Kundenanforderungen

❖ lange Planungs- und Entwicklungsphasen

❖ neue Wertvorstellungen der Mitarbeiter

Die Begabung zu Erneuerungen ist ein essenzielles Erfolgspotenzial für Ihr Unternehmen!

Notwendigkeiten zum Einsatz von Kreativitätstechniken

Merkmale kreativer Persönlichkeiten

Besonders kreative Menschen zeichnen sich durch eine Reihe von Eigenschaften aus, die nicht jedermann besitzt. Zu nennen sind hier unter anderem:

▸ Vorliebe für Neues,

▸ Neugierde,

▸ Loslösung von konventionellen und traditionellen Anschauungen,

▸ Mut, Autonomie,

▸ Energie, Initiative,

▸ emotionale Stabilität,

▸ Fähigkeit, Konflikte zu ertragen,

▸ sensibles und differenziertes Reagieren auf die Umwelt,

▸ Frustrationstoleranz,

▸ Humor.

Blockaden im Kreativitätsprozess

Es gibt eine Reihe von Blockaden, die den Kreativitätsprozess hemmen können. Das reicht vom zu eingeengten Suchfeld über Schubladendenken ("Techniker können nur Dinge vorschlagen, die niemand braucht!") bis hin zu einer Überbetonung von Logik. Bremsend wirken auch besserwisserisches Expertentum, das Ideen im Keim ersticken kann, und vorschnelle (zumeist negative) Bewertung von Ideen:

Klassische „Killerphrasen"

▸ *„In der Theorie mag das so aussehen, aber …"*

▸ *„So haben wir das noch nie gemacht!"*

▸ *„Das haben wir schon immer so gemacht!"*

▸ *„Wollen Sie dafür die Verantwortung übernehmen?"*

▸ *„Da machen wir mal eine separate Sitzung, einen Ideentreff, ein Brainstorming."*

▸ *„Das geht technisch nicht!"*

▸ *„Das will der Kunde nicht!"*

▸ *„Der Kunde will das und das …"*

▸ *„Ich habe einen Bekannten und der meint, …"*

▸ *„Wir haben im Moment andere Probleme."*

Die Aufzählung ließe sich beliebig fortsetzen, und bestimmt kennen auch Sie eine Vielzahl solcher Aussagen.

Innovationsbarrieren zeigen sich bei Führungskräften und
ihren Mitarbeitern in Denkblockaden und eingeengten
Denkschemata. Es ist dabei zwischen soziologischen und
psychologischen Kreativitätsblockaden zu unterscheiden.

Kreativitätsblockaden

Auch die Angst von Mitarbeitern, vor einer Gruppe eine
Idee zu präsentieren oder sich an Diskussionen zu beteili-
gen, führt dazu, dass manche gute Idee niemals das Licht
der Welt erblickt.

Durch den Einsatz der Kreativitätstechniken soll solchen
Blockaden vorgebeugt werden.

Bedingungen für ein ideenförderndes Klima

Um die oben genannten Innovationsbarrieren zu überwinden, ist es wichtig, dass Sie entsprechende Rahmenbedingungen schaffen. Dazu gehört in erster Linie eine Veränderung im Führungsverhalten. Bei einem Brainstorming ist der Vorgesetzte kein Vorgesetzter mehr, sondern ein gleichberechtigtes Gruppenmitglied. Zudem zeichnet sich das kreativitätsfördernde Klima dadurch aus, dass eine offene Kommunikation herrscht, dass vordergründig abzulehnende Vorschläge erst einmal nicht bewertet werden und dass auch fehlgeschlagene Innovationen dazu dienen, daraus zu lernen, und nicht benutzt werden, um die Mitarbeiter abzustrafen. Nur durch diese Maßnahmen ist es möglich, ein wirklich offenes Klima für Innovationen zu erreichen.

Bildung von Kreativteams

Durch Interaktion in Gruppen entstehen in der Regel positive Synergieeffekte, sodass vom Individuum mehr Wissen und mehr Erfahrung in den Kreativitätsprozess eingebracht werden kann. Die Kreativitätstechniken sollten deshalb in Teams Anwendung finden, die sich aus Mitgliedern unterschiedlicher Abteilungen und Bereiche zusammensetzen.

Zusammensetzung eines Kreativitätsteams

▸ *fünf bis sieben gleichberechtigte Mitglieder*

▸ *eventuell Engagement externer Berater*

▸ *Zusammensetzung des Teams aus Experten unterschiedlicher Bereiche, die hierarchisch etwa auf gleicher Ebene stehen*

> ▸ *Zusammenarbeit wird von vornherein zeitlich begrenzt*
>
> ▸ *Kollegialität und demokratisches Verhalten dominieren*
>
> ▸ *Moderator hat die Aufgabe, die Mitarbeiter zu motivie-ren und die Einhaltung der Spielregeln zu überwachen*
>
> ▸ *Vertrauensverhältnis unter den Teammitgliedern*

So bewerten Sie Ideen

Die Produktion der Ideen mithilfe von Kreativitätstechniken ist der erste Schritt. Nun ist es notwendig, die erarbeiteten Ideen auch einer Bewertung zu unterziehen:

▸ Wählen Sie die Ideen aus, die am meisten Erfolg ver-sprechen.

▸ Bringen Sie die erfolgversprechendsten Ideen in eine Reihenfolge mit der besten Idee an erster Stelle.

▸ Auch die gegenwärtig nicht weiterverfolgten Ideen soll-ten Sie nicht wegwerfen, sondern archivieren. Vielleicht erweist sich die eine oder andere Idee in der Zukunft als wertvoll.

Sie können damit rechnen, dass von 100 produzierten Ide-en etwa 25 einer Konzeptausarbeitung zugeführt werden. Von diesen werden in der Produktentwicklung etwa zwölf Ideen weitergeführt, von denen wiederum die Hälfte in die Produktionsvorbereitung gelangt. Lediglich drei Ideen „kämpfen" sich bis zur Markteinführung durch. Von 100 Ideen kommen also lediglich drei Prozent auf den Markt!

Vorfilterung

Die Vorfilterung kann anhand einer Checkliste erfolgen, in der die Muss-Kriterien aufgenommen sind, welche die Produktidee mindestens zu erfüllen hat. Beantwortet werden diese Fragen mit Ja oder Nein.

Eine solche Checkliste kann folgendermaßen aussehen:

	Ja	Nein	Unbe-kannt	Anmer-kungen
Ist die Idee im Unternehmen zu realisieren?	✓			
Passt die Produktidee zum vorhandenen Angebot des Unternehmens?				
Ist die Idee – im Vergleich zum Wettbewerb – eine Innovation?				
Sind technische, personelle und finanzielle Ressourcen vorhanden, um die Idee zu realisieren?				
Hat das Unternehmen bereits Erfahrungen mit ähnlichen Angeboten gemacht?				
Ist der Vertrieb in der Lage, das Produkt zu verkaufen?				
Welchen Nutzen bringt die Idee?				

	Ja	Nein	Unbe-kannt	Anmer-kungen
Welche Kosten verur-sacht die Idee?				
Welche Schwächen hat die Idee?				
Wer ist in der Lage, die Idee durchzusetzen?				

Dieser Checkliste zum Zweck der Vorselektion kann sich eine zweite Bewertungsrunde mit Gewichtungen anschließen, um eine direkte Vergleichbarkeit der Konzepte zu erreichen. Jede Idee erhält eine bestimmte Anzahl von Punkten in Abhängigkeit davon, wie gut sie die abgefragten Kriterien erfüllen kann. Zudem erfolgt eine Gewichtung der Kriterien selbst, denn natürlich sind bestimmte Aspekte wichtiger als andere: Änderungen, die beispielsweise mit einem geringen Mittelaufwand herbeigeführt werden können, sind mit einer höheren Gewichtung zu berücksichtigen als solche, die einen sehr hohen Mitteleinsatz erfordern. Durch die Multiplikation von Kriteriengewichtung und Punktezahl ergibt sich der Ideenwert.

Gewichtete Checkliste

	Ideenbewertung						
	Gewich-tung	Idee 1		Idee 2		Idee 3	
		Pkt.	Wert	Pkt.	Wert	Pkt.	Wert
F&E-Potenzial	5	3	15	4	20	5	25
Finanz-potenzial	5	4	20	2	10	3	15

	Gewich-tung	Idee 1		Idee 2		Idee 3	
		Pkt.	Wert	Pkt.	Wert	Pkt.	Wert
Personal-kapazitäten	3	3	9	4	12	2	6
Herstellungs-Know-how	4	2	8	3	12	4	16
Zielerfüllungs-grad	17		52		54		62

Hier hat die Idee 3 mit einem Zielerfüllungsgrad von 62 die größte Chance, in die nächste Phase der Produktentwicklung zu gelangen.

Unersetzlich: Marktforschung und Kundengespräche

Durch den Einsatz von Ideenbewertungstechniken können Sie die für Ihr Unternehmen erfolgversprechendste Idee identifizieren. Allerdings geht tatsächlich nichts ohne den Kunden. Sie können Kreativitätssitzungen, Ideen-Checks und Workshops ohne Ende in Ihrem Unternehmen durchführen – was aber letztlich zählt, ist der Wille des Kunden, Ihres Kunden.

Ihre Aufgabe als Produktmanager ist, Ihren Kollegen und auch sich selbst immer wieder klarzumachen, dass unternehmensinterne Veranstaltungen und Bewertungen zwar wichtig sind, aber nicht einzige Entscheidungsgrundlage für die Produktentwicklung sein dürfen. Hierzu müssen Sie Kundengespräche führen und Marktforschungsaktionen initiieren. Wie das geht, soll Ihnen im Folgenden vorgestellt werden.

Was beinhaltet Marktforschung?

Im Rahmen des Marktforschungsprozesses legen Sie die Grundlagen für die Ziel- und Maßnahmenplanung, -umsetzung und -kontrolle. In der Regel läuft die Marktforschung in den folgenden Phasen ab:

1. Entscheidungsproblem benennen

2. Informationsbedarf klären

3. Studienart auswählen: explorativ, deskriptiv oder kausal

4. Wahl des Datentyps: Primär- oder Sekundärforschung

5. Entscheidung über Eigen- oder Fremdforschung

6. Auswahl der Erhebungsobjekte

7. Variablenauswahl und Skalierung

8. Befragung und Beobachtung oder Experiment

9. Datenanalyse

10. Datengütebeurteilung.

Checkliste: So gehen Sie bei der Marktforschung vor	
Versuchen Sie, das Entscheidungsproblem exakt zu formulieren, um ein möglichst valides Untersuchungsergebnis zu erreichen.	✓
Klären Sie den Informationsbedarf. Dieser wird von drei Faktoren determiniert: ▸ Inwieweit benötigen Sie zusätzliche Informationen, um richtige Entscheidungen zu treffen? ▸ Wie hoch sind die Opportunitätskosten der alternativen Entscheidungsmöglichkeit? ▸ Wie hoch sind die Kosten der Informationsbeschaffung?	
Wählen Sie die Studienart aus. Davon gibt es drei: ▸ Die explorative Untersuchung dient der Strukturierung und dem Verstehen einer bestimmten Thematik. ▸ Die deskriptive Untersuchung dient der Beschreibung von Zusammenhängen. ▸ Bei der kausalen Untersuchung werden Aussagen über Ursache-Wirkungs-Beziehungen getroffen.	
Wählen Sie den Datentyp der Untersuchung aus: ▸ Primärforschung ▸ Sekundärforschung	
Wählen Sie den Marktforscher aus: ▸ Eigenforschung ▸ Fremdforschung	

Sekundärforschung

Auch wenn es zunächst etwas verwirrend erscheint, dass bei der Wahl des Datentyps zuerst die Sekundärquellen genutzt werden sollen, so hat dies doch seinen Sinn.

Im Rahmen der Sekundärforschung werten Sie bereits vorhandenes Material aus. Dabei wird zwischen unternehmensinternen und -externen Quellen differenziert.

Der Vorteil der Sekundärforschung liegt darin, dass die Daten (vor allem die unternehmensinternen) meist schnell und, im Vergleich zur Primärforschung, kostengünstig ermittelt werden können. Nachteilig ist, dass die Herkunft der Daten und ihr Zustandekommen nicht immer nachvollziehbar sind und dass sie zu Zwecken erhoben wurden, die mit der eigenen Problemstellung nicht identisch sind.

Lässt sich der Informationsbedarf durch die Sekundärforschung nicht befriedigend stillen, ist die Primärerhebung durchzuführen.

Primärforschung

Bei der Primärforschung erheben Sie Daten speziell für Ihren eigenen Untersuchungszweck. Das bedeutet, dass der Informationsbedarf exakt auf Ihre Erfordernisse zugeschnitten werden kann. In der Regel geht der Primärforschung eine Sekundärdatenerhebung voraus. Sie dient dazu, den Untersuchungszweck besser zu verstehen und zu einem genaueren Fragenkatalog für die Primärforschung zu gelangen.

Bei der Primärforschung stehen Ihnen drei Erhebungsmethoden zur Verfügung:

▸ Beobachtung

▸ Befragung

▸ Experiment

Die Beobachtung

Bei der Beobachtung werden die Informationen nicht aktiv vom Probanden abgerufen, sondern nur passiv wahrgenommen. Es ist zu unterscheiden zwischen

▸ der verdeckten Beobachtung, bei welcher der Kunde nichts von einer Beobachtung weiß, und

▸ der maskierten Beobachtung, bei welcher der Kunde zwar weiß, dass er beobachtet wird, aber den Grund nicht erkennt.

Schließlich kann noch zwischen einer

▸ teilnehmenden Beobachtung und einer

▸ nicht teilnehmenden Beobachtung

differenziert werden. An Ersterer nimmt der Marktforscher aktiv teil, um ggf. Kundenargumente oder Verwendungsprobleme zu eruieren. Häufiger ist jedoch die Form der nicht teilnehmenden Beobachtung, bei welcher der Marktforscher das Verhalten der Kunden als unbeteiligter Dritter verfolgt. Dies kann beispielsweise über die Erfassung der Daten von Scanner-Kassen in Supermärkten erfolgen, die Rückschlüsse auf das Kaufverhalten der Kunden zulassen.

Die Beobachtungen können unter Laborbedingungen oder im Feld stattfinden. Beispielsweise können regionale Testmärkte mit Anzeigen und TV-Spots werblich angesprochen werden, um Rückschlüsse auf das Kaufverhalten der Kunden zu gewinnen.

> **!** Der Vorteil der Beobachtung ist, dass unbewusstes und routiniertes Verhalten der Kunden erfasst werden kann. Allerdings sind nicht beobachtbare Tatsachen wie Präferenzen und Einstellungen des Kunden hierbei nicht zu erkennen. Aus diesem Grund ist als weiterer Schritt eine Befragung der Kunden notwendig.

Die Kundenbefragung

Durch die Kundenbefragung werden Sie in die Lage versetzt, Motive und Einstellungen des Kunden zu ermitteln. Aus diesem Grund ist die Befragung die bedeutendste Erhebungsmethode der Marktforschung.

Sie können zwischen unmittelbarer und mittelbarer Befragung differenzieren. Die unmittelbare oder mündliche Befragung, auch Interview genannt, hat folgende Vorteile:

▸ Kontrolle der Befragungssituation

▸ Sicherstellung der Repräsentativität

▸ Einsatzmöglichkeit unterschiedlicher Fragearten

▸ Hilfemöglichkeit bei Verständnisschwierigkeiten

▸ Möglichkeit, umfangreiche Fragenkomplexe zu behandeln

Für diese Interviews steht Ihnen eine Reihe von Befragungsverfahren zur Verfügung:

▸ **Exploratives Gespräch:** Sie haben eine vorgegebene Thematik, führen das Gespräch aber ohne eine weitere inhaltliche Festlegung durch.

▸ **Freies Interview:** Die Inhalte Ihres Gesprächs sind vorher festgelegt worden.

▸ **Strukturiertes Interview:** Es existiert ein Fragenkatalog, von dem allerdings situativ abgewichen werden kann, um ggf. einzelne Punkte zu vertiefen.

▸ **Standardisiertes Interview:** Es ist von vornherein ein Fragebogen erarbeitet worden, der dem Interviewer keine Abweichungen vom Wortlaut erlaubt.

Während für das explorative Gespräch ein sehr versierter Marktforscher vonnöten ist, was mit entsprechend höheren Kosten einhergeht, besteht beim strukturierten oder standardisierten Interview die Möglichkeit, auch unspezialisierte Callcenter damit zu beauftragen.

Den oben genannten Vorteilen der Befragung stehen auch einige Nachteile gegenüber:

▸ Die Befragung ist zeitaufwendig.

▸ Der Kostenaufwand ist, je nach Anzahl der Befragungen und der notwendigen Qualität der Interviewer, hoch.

▸ Es besteht die Gefahr der Beeinflussung des Befragten durch den Interviewer.

Mit der mittelbaren Befragung versucht man, den Nachteilen der unmittelbaren Befragung zu entgehen. Sie kann in schriftlicher, telefonischer oder computergestützter Form erfolgen. Bei der schriftlichen Befragung können Sie mittels Fragebogen eine große Grundgesamtheit in Ihre Untersuchung einbeziehen. Allerdings gilt es zu bedenken, dass die Rücklaufquoten bei Fragebogen relativ niedrig sind, was wiederum die Repräsentativität der Befragung einschränkt.

Rücklaufquoten erhöhen

Durch das Ausloben einer attraktiven Prämie kann man versuchen, die Rücklaufquote zu erhöhen. Leider können Sie bei einer schriftlichen Befragung auch nicht kontrollieren, wer nun wirklich den Fragebogen ausgefüllt hat. Studenten und Rentner sind bekannt dafür, sich solchen Fragebogen gern zu widmen. Aber ist das auch Ihre Zielgruppe?

Die telefonische Befragung ist eine schnelle und bei standardisierten Fragebogen gute Methode der Befragung. Durch einige einleitende Fragen können Sie sicherstellen, dass der Proband auf wirklich Ihrer Zielgruppe angehört. Allerdings wird eine telefonische Befragung oft als unangenehm und störend empfunden. Gerade durch Telefonmarketing-Firmen ist die Befragung am Telefon in Verruf geraten, da hier nach einigen eher banalen Fragen unvermittelt ein Produkt angeboten wird. Dennoch ist die Telefonbefragung ein probates Mittel, um schnell und zumeist kostengünstig zu repräsentativen Ergebnissen zu gelangen.

Noch kostengünstiger ist die computerisierte Befragung. Durch die weite Verbreitung dieser Technologie können Sie Ihre Kunden zu einem im Internet hinterlegten Fragebogen führen. Der größte Vorteil ist dabei, dass die Daten unmittelbar zur Verfügung stehen und Sie relativ schnell erkennen, in welche Richtung sich die Befragung entwickelt.

Allerdings ist auch hier die Höhe des Rücklaufs vom Interesse der Kunden abhängig. Mit Prämien und Auslobungen können Sie den Rücklauf erhöhen.

E-Mails für Kurzumfragen

Bestimmt verfügt Ihr Unternehmen über die E-Mail-Adressen der Kunden. Wenn Sie schnell ein Ergebnis brauchen, schreiben Sie doch einfach 20 oder mehr Kunden mit der Bitte um ein schnelles Feedback an. Sie sollten aber nur eine oder zwei Fragen stellen und keinen detaillierten Fragebogen als Anhang vorsehen, da Sie sonst die Gutmütigkeit Ihrer Kunden überstrapazieren würden.

Die folgende Übersicht fasst noch einmal die wichtigsten Aspekte von Beobachtung und Befragung zusammen:

Beobachtung	Befragung
▸ Ergebnisse können unabhängig von der Auskunftsbereitschaft der Probanden gewonnen werden.	▸ Präferenzen, Einstellungen und Erinnerungen der Probanden können ermittelt werden.
▸ Es können unbewusste und unreflektierte Verhaltensweisen beobachtet werden.	▸ Die Kosten und der Zeitaufwand sind überschaubar.
▸ Es findet keine Beeinflussung durch den Interviewer/Beobachter statt.	▸ Die Erhebung kann weitgehend objektiv durchgeführt werden, wenn Beeinflussungen durch den Interviewer unterbleiben.
▸ Nachteilig ist eventuell die selektive Wahrnehmung des Beobachters, der nicht alle Handlungen des Probanden richtig deutet.	▸ Es ist eine Zufallsauswahl bei der Zusammenstellung der Probanden möglich.

Das Experiment

Mit Experimenten können Sie zuvor aufgestellte Hypothesen über vermutete Zusammenhänge überprüfen. Beispielsweise können Sie einen erstellten Prospekt an einige Vertreter Ihrer anvisierten Zielgruppe senden und den Rücklauf auf dieses Mailing überprüfen. Damit können Sie im Vorfeld einer teuren Vollaussendung testen, ob Ihr Produkt oder Ihre Argumentation überhaupt beim Kunden ankommen. Ist dies der Fall, sollten Sie weitermachen. Ist der Rücklauf enttäuschend, müssen Sie zusammen mit Kunden aus der Zielgruppe den Prospekt und das Angebot noch einmal überprüfen.

Beim sogenannten „Pretest" bekommen die Versuchspersonen beispielsweise bestimmte Anzeigenmotive vorgelegt, deren Erfolgswirksamkeit und Argumentation Sie überprüfen können.

Bei den Posttests wird die tatsächlich erzielte Aufmerksamkeit oder die Erinnerungswirkung ermittelt.

Beim Produkttest steht das Angebot im Mittelpunkt. Das bedeutet, dass Sie über ein vorzeigbares Angebot verfügen müssen, das Sie den Kunden präsentieren. Natürlich ist beispielsweise die Erstellung eines Prototyps mit entsprechend hohen Kosten verbunden. Stellen Sie sogar mehrere Varianten zur Auswahl, sind die Kosten umso höher. Aber auf diesem Weg erhalten Sie die wohl aufschlussreichsten Kundenreaktionen auf das im Entwicklungsstadium befindliche Angebot.

Die folgende, zunächst relativ banal erscheinende Grafik soll Ihnen die Gefahr der späten Änderungen aufzeigen. Je weiter Sie nämlich im Entwicklungsprozess eines Neuprodukts voranschreiten, desto größer werden die Entwicklungs- und Änderungskosten. Können in der Anfangsphase bestimmte Änderungen noch relativ einfach und kostengünstig vorgenommen werden, wird dies in fortgeschritteneren Phasen immer schwieriger. Massive Änderungen kurz vor dem anvisierten Marktstart können sogar für Ihren Job als Produktmanager gefährlich werden.

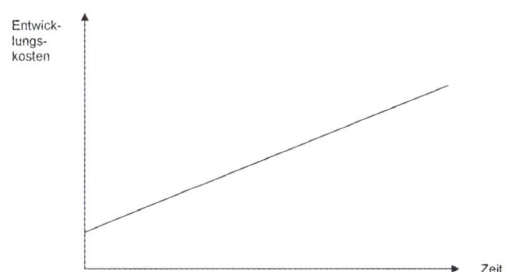

Ansteigen der Entwicklungs- und Änderungskosten im Zeitablauf

> Führen Sie rechtzeitig Produkttests durch, damit die Kosten für später notwenige Änderungen nicht ins Unermessliche steigen. **!**

Mit dem Produkttest können Sie

▸ Anmutungseigenschaften erkennen,

▸ die Konsum- und Verwendungspräferenzen der Kunden kennenlernen sowie

▸ den Marketing-Mix abstimmen, da Sie hiermit die Kaufentscheidungen der Kunden besser verstehen.

Folgende Fragen können Sie im Produkttest abklären:

Checkliste: Durch Produkttest zu beantwortende Fragen	
Wird das konzipierte Angebot von den Kunden angenommen?	✓
Wird das Ansehen des Unternehmens durch das neue Angebot gestärkt oder geschwächt?	
Stimmen die vom Unternehmen anvisierte Positionierung und der USP (Unique Selling Proposition) des Angebots mit den Ansichten der Kunden überein?	
Passt das Produktangebot in die gegenwärtige Marktsituation?	
Sind alle Anforderungen die an das Produktkonzept gestellt wurden, auch in das nun vorliegende Angebot übernommen worden. Wenn nein, warum nicht? Gründe:	
Sind die Maßnahmen von Positionierung, Angebot, Marktkommunikation aufeinander abgestimmt?	

Zusammentragen der Erkenntnisse in einer Kundenlandkarte

Sie haben nun Interviews mit Ihren Kunden geführt, beobachtet, befragt und getestet. Für die erfolgreiche marktgetriebene Produktentwicklung ist das umfassende Wissen über die Kundenbedürfnisse elementare Voraussetzung. Vergegenwärtigen Sie sich, dass die klassischen Frage-Antwort-Schemata von Fragebogen den Nachteil haben, dass sie die Qualität der Antworten einschränken, da, zumindest bei geschlossenen Fragen, vorab bestimmte Antwortmöglichkeiten festgelegt wurden. Entscheidend ist es aber herauszufinden, was dem Kunden wirklich wichtig ist, was ihn bewegt und wo er unter Leidensdruck steht.

So erstellen Sie eine Kundenlandkarte

Der Kunde erzählt seine Geschichte. Er berichtet von seinen Erlebnissen und Erfahrungen im Arbeitsalltag. Sie als Produktmanager und Interviewer steuern das Gespräch durch aktives Zuhören. Von jedem Interview erstellen Sie ein wörtliches Transkript, aus dem Sie anschließend die Kernaussagen (Schlüsselbegriffe und -aussagen) herausdestillieren und miteinander in ein „Aussagen-Beziehungs-Netz" zusammenführen. Wichtig ist dabei, die Häufigkeit der Nennungen kenntlich zu machen. In der Abbildung können Sie das an den Zahlen und der Schattierung erkennen. Je höher die Zahl und je dunkler die Schattierung, desto häufiger die Nennung:

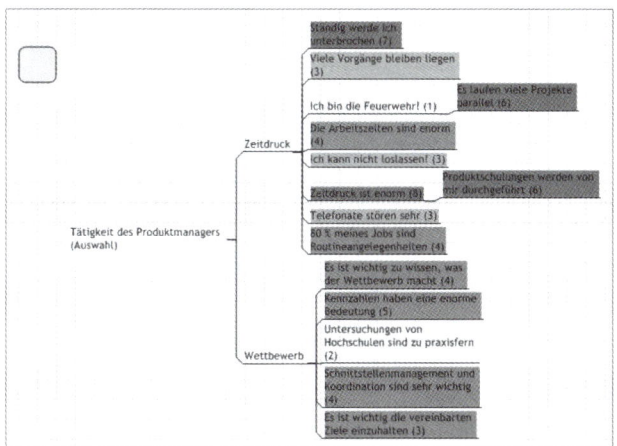

Natürlich sind Sie jetzt noch nicht am Ende angelangt. Der eigentliche Produktentwicklungsprozess beginnt erst jetzt. Sie müssen nun die Kernaussagen zu übergeordneten Themenfeldern zusammenfassen, um hierdurch Produktideen zu gewinnen.

Checkliste: Erstellung einer Kundenlandkarte	
Führen Sie Interviews mit Vertretern Ihrer Zielgruppe durch mit dem Ziel, Ihre Kunden in Ihrem Umfeld (beruflich oder privat) besser kennenzulernen.	✓
Arbeiten Sie die Kernaussagen heraus. Zumeist geschieht dies durch das Abhören der Gesprächsaufzeichnungen.	
Strukturieren Sie die Aussagen und ordnen Sie zusammengehörige Aussagen einander zu.	
Erstellen Sie Verknüpfungen zwischen zusammenhängenden Aussagen.	
Definieren Sie die Themenfelder, in denen Sie mit Produktangeboten tätig werden wollen.	
Ermitteln Sie die Schwerpunkte der Aussagen und bringen Sie diese in eine Reihenfolge.	
Wählen Sie relevante Schwerpunkte und Aussagen für Ihre weiteren Produktkonzeptionen aus.	

Marktprogramm: Strategie festlegen

Die Marktprogrammerstellung basiert auf den vorangegangenen Schritten der Marktforschung und Festlegung der Unternehmensziele. Daraus ergibt sich die Formulierung von Marketingstrategien, die i. d. R. die schriftliche Zusammenfassung von Marketingentscheidungen sowie die anvisierte Ausgestaltung der weiteren Marketingfunktionen des Unternehmens beinhalten.

Hauptbestandteile von Marktprogrammen sind

▶ die Programmstruktur,

▶ angebots- und zielgruppenorientierte Entscheidungen und

▶ die Festlegung der Positionierung.

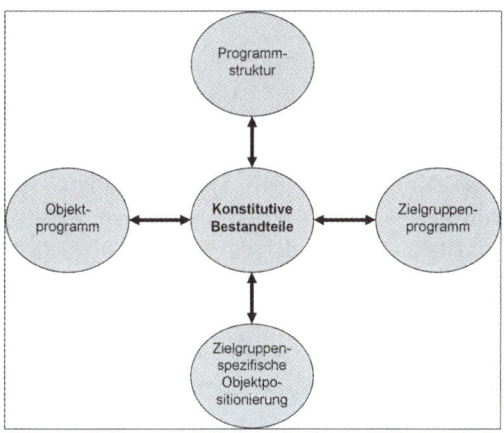

Konstitutive Elemente von Marktprogrammen (nach A. Meyer 1992, S. 56)

Objektprogramm

Bei der Gestaltung des Objektprogramms legen Sie die Angebotsstruktur in ihrer Breite bzw. Tiefe fest.

Bei der Programmbreite wird die Anzahl unterschiedlicher Produktkategorien bestimmt. Über ein breites Angebot verfügen z. B. Gemischtwarenläden oder Warenhäuser.

Das Sortiment soll möglichst umfassend erscheinen, ist allerdings bei der Auswahl innerhalb einzelner Warenbereiche beschränkt. Demgegenüber verfügen Fachgeschäfte über ein schmales, dafür aber mit beachtlicher Auswahl bestücktes Sortiment.

Warenhaus vs. Fachgeschäft

In einem Warenhaus finden Sie alles Mögliche, von der Kaffeemaschine bis hin zum Haarspray – allerdings nicht in unendlich vielen Varianten. Ein Fachgeschäft, das sich auf Elektronikartikel spezialisiert hat, bietet Ihnen zwar keine Kosmetikprodukte, dafür aber zig verschiedene Kaffeemaschinen mit unterschiedlichsten Leistungsmerkmalen.

Die Programmtiefe lässt sich an der Ausdifferenzierung eines Angebots in eine Vielzahl von Größen, Farben, Mustern, Qualitäten, Preislagen etc. erkennen. Das Unternehmen verfügt über eine sehr große Anzahl von Angeboten innerhalb einer Produktlinie.

Folgende Möglichkeiten stehen Ihnen als Produktmanager bei der Festlegung des Objektprogramms zur Verfügung:

▸ **Ausweitung einer Produktlinie:** Das Angebot kann nach oben und nach unten ausgeweitet werden.

Automobilbranche

In der Automobilbranche wählte Volkswagen die Strategie der Ausweitung nach oben durch die Einführung der Modelle Phaeton und Touareg, während Mercedes mit A- und B-Klasse die Produktlinie nach unten erweiterte. Mercedes versuchte dabei mehr oder weniger erfolgreich, sein gutes Image auf untere Klassen zu übertragen.

▸ **Auffüllung der Produktlinie:** Haben Sie bereits eine gut eingeführte Produktlinie, können Sie diese um neue Produkte, die bislang nicht im Fokus standen, erweitern.

▸ **Modernisierung der Produktlinie:** Ihre Produkte befinden sich oft in unterschiedlichen Lebenszyklusphasen, weshalb von Zeit zu Zeit veraltete Produkte modernisiert bzw. durch neue Angebote ersetzt werden müssen.

▸ **Bestimmung von „Flagschiffen":** Als Produktmanager haben Sie die Möglichkeit, ein Produkt aus Ihrer Produktlinie auszuwählen und als Flagschiff zu positionieren, auf das sich alle Anstrengungen konzentrieren. Verbraucher werden den positiven Eindruck auch auf andere Produkte Ihres Unternehmens übertragen.

▸ **Bereinigung der Produktlinie:** Die Portfolio-Matrix zeigt Ihnen, welche Produkte in einem stagnierenden oder gar schrumpfenden Markt mit geringen Marktanteilen herumkrebsen. Wenn Sie Ihre Kapazitäten nicht auf deren Reanimation verwenden wollen, müssen Sie über die Einstellung dieser Produkte nachdenken.

Objektgestaltung

Der nächste Entscheidungsbereich im Rahmen der Produktentwicklung umfasst die Objektgestaltung. Dabei ist zwischen

▸ Objektkern,

▸ Objektgrundmerkmalen und

▸ Objektzusatzmerkmalen

zu differenzieren.

Der Objektkern stiftet den Nutzen des Produkts, den sogenannten Grundnutzen, der i. d. R. aus physikalischen/chemischen/technischen Eigenschaften resultiert. Davon ist der Zusatznutzen zu unterscheiden, der Eigenschaften beinhaltet, die für den Einsatz des Produkts nicht unbedingt erforderlich sind. Vershofen hat in seiner Nutzenleiter die verschiedenen Nutzenarten zusammengefasst:

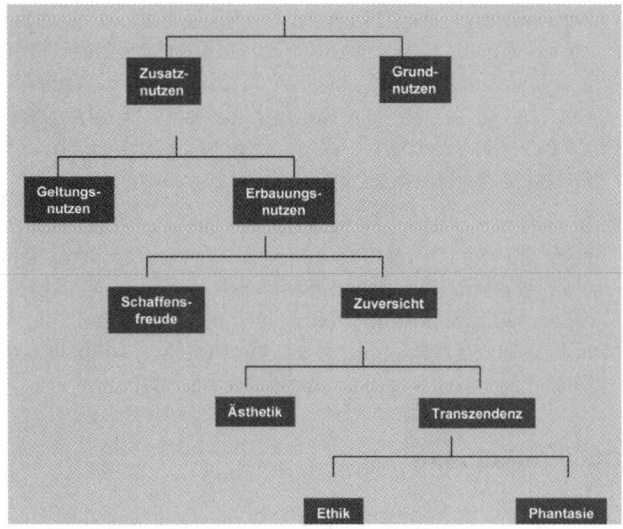

Nutzenleiter nach Vershofen (aus Esch/Herrmann/Sattler 2008, S. 225)

Auf der zweiten Gestaltungsebene befinden sich die Objektgrundmerkmale. Dort sind die aus den Nutzenversprechen abgeleiteten Objekteigenschaften wie Geschmack, Farbe, Größe, Haltbarkeit, technische Ausstattung sowie Qualität und Preis festzulegen.

Die nächsthöhere Gestaltungsebene, die Objektzusatzmerkmale, beinhaltet abschließend Faktoren wie Dienstleistungen, die mit dem Produkt verbunden sind, Garantieleistungen sowie den Bereich der Lieferungs- und Zahlungsbedingungen.

Zielgruppenbestimmung

Bei der Zielgruppenbestimmung haben Sie sich mit zwei Entscheidungsbereichen auseinanderzusetzen: Zunächst muss die Zielgruppe exakt definiert und anschließend zwischen differenzierter und undifferenzierter Marktbearbeitung unterschieden werden.

Definition der Zielgruppe

Zur Identifikation der Zielgruppe dienen personen- und verhaltensbezogene Eigenschaften. In der folgenden Checkliste sind diese Merkmale zusammengefasst:

Checkliste: Zielgruppenmerkmale (A. Meyer 1992, S. 75 f.)	
Personenbezogene Merkmale	
Geografische Merkmale: Grenzen (Staat, Länder, Wirtschaftsräume), Stadtgebiete, Landgebiete, Wohngegenden, Nielsen-Gebiete (Aufteilung Deutschlands in Regionen durch die Marktforschungs-Firma ACNielsen)	✓
Demografische Merkmale: Alter, Geschlecht, Familienstand, Zahl der Kinder, Lebenszyklus der Familie, Haushaltsgröße	
Soziografische Merkmale: Einkommen, Kaufkraft, Bildung, Berufstätigkeit	

Checkliste: Zielgruppenmerkmale (A. Meyer 1992, S. 75 f.)	
Personenbezogene Merkmale	
Psychografische Merkmale: Motive, Einstellungen, Nutzenerwartungen, Lifestyle, Werte, Präferenzen, Kaufabsichten, Persönlichkeitsmerkmale	
Verhaltensbezogene Merkmale	
Informationsverhalten: Mediennutzung und -gewohnheiten, Kommunikationsverhalten	
Kaufverhalten: Einkaufsstättenwahl, Markenwahl, Markentreue, Kaufintensität, Preisbewusstsein, Verpackungswahl	
Verwendungsverhalten: Verwendungsart, Verwendungsintensität, Verwendungszeit, Verwendungsumfeld, Lagerhaltung, Wartungsverhalten	

Die exakte Definition der relevanten Zielgruppe legt den Grundstein für die Wahl der zielgruppenspezifischen Marktbearbeitung. Hier ist zwischen

▸ undifferenzierter Marktbearbeitung, auch als Massenstrategie bekannt, und

▸ differenzierter Marktbearbeitung

zu unterscheiden. Während Sie bei der ersten Strategie den Gesamtmarkt mit Standardangeboten versorgen, beschränken Sie sich bei der zweiten darauf, bestimmte Zielgruppen auszuwählen, auf die Sie Ihre Produkte möglichst treffgenau zuschneiden. Dadurch verbessern Sie die Möglichkeit einer maßgeschneiderten Kundenansprache, minimieren Streuverluste bei der werblichen Ansprache und schonen damit Ihr Werbebudget.

Positionierungsentscheidungen

„Ja, da müssen wir eben die Positionierung überdenken",
oder „Die Positionierung hat nicht gepasst!" – so oder so
ähnlich hört man es immer wieder, wenn bei einem Produkt etwas nicht wie geplant läuft. Es geht einem aber
auch wirklich leicht über die Lippen: „Die Positionierung …"

Die Positionierung, also die zielgruppenspezifische Ange-
botspositionierung, ist das vierte konstitutive Element der
Marktprogrammerstellung.

Ausgangspunkt Ihrer Überlegungen muss die Tatsache
sein, dass Ihre relevante Zielgruppe bevorzugt die Objekte
kauft oder Angebote nutzt, die in hohem Maße ihrer Vor-
stellung entsprechen. Mit der Durchführung von Marktforschungsaktionen gelangen Sie zu den drei zu berücksichti-
genden Komponenten:

▸ aus Kundensicht wichtige Eigenschaften des Angebots,

▸ Ist-Positionierung Ihres Angebots und

▸ Soll-Positionierung Ihres Angebots.

In einem zweidimensionalen Produkt-Markt-Raum kann die
Positionierung beispielsweise so aussehen:

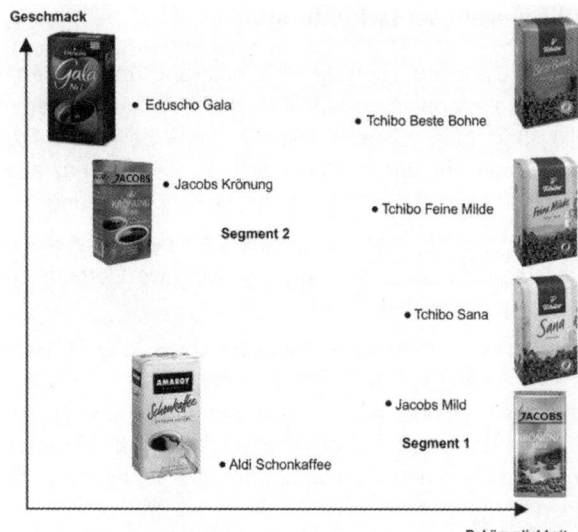

Zweidimensionaler Produkt-Markt-Raum für Kaffee (Gaul/Baier 1994, S. 145; übernommen aus Esch/Herrmann/Sattler 2008, S. 232)

Die Abbildung zeigt einen zweidimensionalen Produkt-Markt-Raum mit den Dimensionen „Bekömmlichkeit" und „Geschmack" verschiedener Kaffeesorten. Die Kaffeesorten des Segments 1 setzen mehr auf Bekömmlichkeit, während sich die Sorten des Segments 2 verstärkt auf den Geschmack konzentrieren. Etwas zwischen den Stühlen sitzt in der Abbildung der „Aldi Schonkaffee", der anscheinend nicht sehr bekömmlich ist und auch nicht gut schmeckt. Das ist keine gute Unique Selling Proposition (also das unvergleichliche Kennzeichen Ihres Produkts, um das Sie alle Welt beneidet), um sich von den anderen Kaffeesorten nachhaltig abzuheben!

> ### Was tun mit ungenießbarem Kaffee?
>
> *Als Produktmanager dieses Kaffees müssten Sie nun über-legen, wie hier zu verfahren ist. Sie könnten versuchen, sich an eine erfolgreiche Positionierung durch Imitation an-zuhängen, beispielsweise indem Sie „Tchibo Feine Milde" imitieren und die Kaffeemischung entsprechend anpassen.*
>
> *Im Rahmen einer Profilierungsstrategie könnten Sie aller-dings auch versuchen, Ihren Kaffee als den Kaffee für die „harten Männer" zu positionieren, der zwar nicht beson-ders gut schmeckt, dafür aber auch nicht bekömmlich ist.*

Gerade bei der Einführung neuer Produkte sind im Rahmen der Positionierungsstrategie viele Entscheidungen zu tref-fen, die den Markterfolg Ihres Produkts beeinflussen wer-den. Änderungen zu einem späteren Zeitpunkt sind riskant und werden von den Kunden eventuell akzeptiert. Zudem sind Änderungen oftmals nur mit aufwendigen Werbeak-tionen zu kommunizieren, die viel Geld verschlingen.

Marktkommunikation: So stellen Sie Ihr Produkt vor

Auf die Marktforschung und Marktprogrammerstellung folgt die Marktkommunikation. Diese umfasst die objekt-bezogene Werbung und die mehr auf das Gesamtunter-nehmen bezogene Öffentlichkeitsarbeit.

Mit der Marktkommunikation versucht das Unternehmen, seine Angebote beim anvisierten Kunden bekannt zu ma-chen. Der Werbetreibende ist der Auslöser des Kommuni-kationsprozesses, während der Umworbene als Rezipient auftritt. Seitens des Unternehmens kann zwischen Individual- und Kollektivwerbung differenziert werden.

Kommunikationsprozesse

Folgende Formen des Kommunikationsprozesses können Sie unterscheiden:

▸ **Direkte, unmittelbare Kommunikation:** Sowohl Sie als Verkäufer als auch der Kunde als Käufer befinden sich zur gleichen Zeit am gleichen Ort, sodass eine Rückkoppelung seitens des Kunden sofort möglich ist. Ein Beispiel hierfür ist das Verkaufsgespräch, beispielsweise im Verkaufsraum eines Autohauses.

▸ **Direkte, mittelbare Kommunikation:** Hier besteht eine räumliche Trennung der Kommunikation, es ist aber noch immer eine sofortige Reaktion durch Ihren Kunden möglich. Ein Beispiel dafür ist der Telefonverkauf.

▸ **Indirekte Kommunikation:** Hierbei liegt nicht nur eine räumliche, sondern auch eine zeitliche Trennung zwischen den Kommunikationspartnern vor. Eine sofortige Rückkoppelung ist nicht möglich. Zur Überbrückung der Zeit- und Raumdifferenz dient die mediale Kommunikation:

Mediale Kommunikation

Sie können Anzeigen in Zeitungen oder Zeitschriften schalten, TV-Spots produzieren und im Fernsehen senden oder Plakatwände bekleben.

AIDA-Formel

Welchen Werbekanal Sie auch wählen, ein Grundprinzip müssen Sie beachten: das AIDA-Prinzip. Diesen vier Bestandteilen ordnet sich jede Form der Marktkommunikation unter:

Bekanntmachung (Attention): Durch die erste Stufe der Werbekommunikation machen Sie sich als Anbieter bekannt.

Information (Information): Auf der zweiten Stufe stellen Sie weiterführende Einzelheiten, z. B. über Ihr neues Angebot, in den Mittelpunkt.

Imagebildung (Desire): Nun möchten Sie auf der dritten Stufe des Prozesses ein positives Bild von sich beim Konsumenten erzeugen. Dieses soll dann die Grundlage sein um die nachfolgende Handlung auszulösen:

Handlungsauslösung (Action): Diese Stufe ist das eigentliche Ziel der Marktkommunikation. Die ausgelösten Handlungen können in drei Kategorien unterteilt werden:

▸ Handlung führt zum sofortigen Kauf. Das ist der Idealfall.

▸ Handlung führt zunächst dazu, sich weitere Informationen zu besorgen.

▸ Handlung führt zur Weitervermittlung Ihrer werblichen Botschaft an Dritte. Beispielsweise kann der Umworbene einem Bekannten Ihr Produkt empfehlen.

Alle vier Stufen bauen aufeinander auf. Sie werden keine Handlung auslösen, ohne vorherige Aufmerksamkeit gewonnen zu haben. Von Branche zu Branche ist es dabei unterschiedlich, inwieweit die einzelnen Stufen gewichtet sind. Im Business-to-Business-Sektor ist es in der Regel weniger notwendig, die Imagebildung in den Mittelpunkt zu stellen, wenn Sie schon über langjährige Kontakte zu Ihrem Kunden verfügen.

Werbeplanung

Die Werbeplanung ist der zentrale Entscheidungsbereich der Marktkommunikation und damit auch ein ideales Karrieresprungbrett: Schon so mancher kleine Werbeplaner schaffte es an die Spitze eines Unternehmens. Erfolgsentscheidend hierfür ist, niemals die Produktverantwortung übernehmen zu müssen, da diese in der Regel beim Produktmanager liegt. So kann ein geschickter Werbeplaner die Verantwortung für Flops auf Sie, den Produktmanager, abschieben, bei denen er selbst durch die optimale Werbeplanung nichts mehr retten konnte.

> **!** Mischen Sie sich als Produktmanager aktiv in die Werbeplanung ein! Akzeptieren Sie keine Vorschläge Ihres Werbeplaners, die Ihnen ungeeignet erscheinen, Ihre Ziele zu erreichen!

Die Werbeplanung lässt sich in folgende Entscheidungsbereiche unterteilen:

▶ Objektplanung/Subjektplanung

▶ Trägerplanung

▶ Mittelplanung

▶ Budgetplanung

▸ Zeitplanung

▸ Kommunikationsformplanung

▸ Gestaltungsplanung

Das **Werbesubjekt** ist der Umworbene, also Ihre Zielgruppe. Im Rahmen der Werbesubjektplanung entscheiden Sie, ob die Werbung sich auf die Gesamtheit der Nutzer oder nur auf einzelne Teile davon beziehen soll. Als Markenartikelhersteller müssen Sie zudem überlegen, ob sich Ihre Werbung auf den Letztnachfrager richtet oder ob diese als Fachwerbung auch an den Handel gerichtet ist.

Im Rahmen der **Werbeobjektplanung** wählen Sie das zu bewerbende Objekt aus. Wenn Ihr Unternehmen über mehrere Produkte verfügt – was wohl den Regelfall darstellt –, können Sie mittels Lebenszyklusanalyse und Portfolio-Matrix diejenigen auswählen, auf die sich Ihre Werbeanstrengungen konzentrieren sollen. Selbstredend stehen dabei neue Produkte eher im Mittelpunkt als etablierte und gut laufende Produkte, da Sie für diese erst einmal eine entsprechende Aufmerksamkeit erreichen müssen.

Wenn Sie Ihre Werbebotschaft nicht in persönlicher Form übermitteln können, müssen Sie **Werbemittel und -träger** auswählen, mit denen Sie Ihre Kunden über Ihre Angebote informieren wollen. Dabei wird die Auswahl des Werbemittels von einer Reihe von Faktoren bestimmt:

Zielgruppe: Wie erreichen Sie Ihre Zielgruppe?

Medienwahl in Abhängigkeit von der Zielgruppe

Wenden Sie sich an einen undifferenzierten Massenmarkt, sind die Massenmedien wie TV oder Zeitungen mit großer Auflage von Interesse. Im Business-to-Business-Sektor bietet es sich an, in Fachzeitschriften der jeweiligen Branche zu inserieren oder auf persönlichen Verkauf zu setzen.

Werbeträger: Wollen Sie überregional oder lokal werben?

Werbeträger

Legen Sie Wert auf eine nationale Werbung, ist der Werbeträger zu präferieren, der ebenfalls das nationale Gebiet abdeckt (beispielsweise TV oder überregionale Zeitungen, Magazine). Bei lokalen Aktionen bieten sich die lokalen Zeitungen und Anzeigenblätter als Werbeträger an. Dabei können Sie zwischen klassischer Anzeigenwerbung oder Beilagenwerbung wählen.

Werbeobjekt: Wofür wird geworben?

Werbeobjekt

Ist Ihr Angebot erklärungsbedürftig, dürfte das kaum in einem 20-sekündigen TV-Spot möglich sein. Hier sollten Sie überlegen, ob im Rahmen einer Anzeige oder Beilage Ihr Angebot nicht besser vorgestellt werden kann.

Werbliche Ziele: Bestimmte Werbeträger eignen sich für bestimmte Aufgaben im Rahmen der Marktkommunikation unterschiedlich.

> ### Werbeziele
>
> *Bandenwerbung im Sportstadion eignet sich gut für den Imageaufbau, aber weniger für Produktinformationen. Anzeigen mit Produkterläuterungen platzieren Sie besser in Fachtiteln.*

Bei den Werbeträgern können Sie unterscheiden:

▸ Print- oder Insertionsmedien: Zeitungen, Zeitschriften, Fachzeitschriften …

▸ Elektronische Medien: TV, Hörfunk, Internet …

▸ Medien der Außenwerbung: Litfaßsäulen, Plakatwände, Bandenwerbung, Werbung in/an Verkehrsmitteln

Damit Sie die richtige Entscheidung im Intermediavergleich treffen, gibt es das Instrument des Tausender-Kontaktpreises (TKP). Mit diesem können Sie die unterschiedlichen Kosten der Medien vergleichen.

Die Formel hierfür lautet:

$$TKP = \frac{\text{Kosten für Belegung des Webeträgers}}{\text{Zahl der Webeträgerkontakte (Reichweite)}} \times 1000$$

Aus dem Tausender-Kontaktpreis lässt sich dann erkennen, mit welchem Kostenaufwand der Kontakt zu 1000 Lesern, Hörern, Sehern eines Werbeträgers verbunden ist.

Werbeerfolgskontrolle

Jede Werbeaktion muss auf ihre Erfolgswirksamkeit überprüft werden. Dabei ist zwischen der Wirkungs- und der Wirtschaftlichkeitskontrolle zu unterscheiden.

Die **Wirkungskontrolle** befasst sich damit, inwieweit ein vorher festgelegtes kommunikatives Ziel erreicht wurde. Dabei können einige Probleme auftreten:

‣ Beim **Time-lag-Effekt** zeigt sich die Wirkung erst in einem nach der Kontrolle liegenden Zeitraum. Das bedeutet für Sie als Produktmanager, dass eine Aktion als erfolglos betrachtet werden muss, was man Ihnen anlasten wird. Deshalb müssen Sie darauf achten, den betrachteten Zeitraum nicht zu kurz zu wählen.

‣ Der **Carry-over-Effekt** ist mit dem Time-lag-Effekt vergleichbar, da sich Wirkungen der Werbemaßnahme nicht nur im betrachteten Zeitraum, sondern auch noch deutlich später zeigen. Hier gilt das für den Time-lag-Effekt Gesagte.

‣ Beim **Spill-over-Effekt** kann sich die Kommunikation für ein bestimmtes Produkt auch auf andere Produkte Ihres Unternehmens auswirken. So wird eventuell der Verkauf eines Produkts stimuliert, das ursprünglich gar nicht beworben wurde. Achten Sie deshalb immer auch auf die Abverkäufe anderer Produkte, wenn Sie eine Aktion durchführen. Damit können Sie selbst vordergründig erfolglosen Aktionen noch etwas Positives abgewinnen und sie gegenüber Ihren Vorgesetzen verteidigen.

Die Werbewirkungskontrolle stellt hauptsächlich auf den kommunikativen Erfolg Ihrer Werbeaktion ab, sagt aber noch nichts über deren wirtschaftlichen Erfolg aus. Diesen Mangel versucht die **Werbewirtschaftlichkeitskontrolle** zu beseitigen. Hier werden die Werbeaufwendungen den Werbeerträgen gegenübergestellt. Erst dadurch wird sichtbar, ob die Aktion tatsächlich ein Erfolg war oder als Flop abgehakt werden muss. Lief die Aktion erfolgreich, kann sie wiederholt werden. War sie hingegen ein Flop, müssen Sie in die Fehleranalyse einsteigen, um für die Zukunft gewappnet zu sein.

Auch bei der Wirtschaftlichkeitskontrolle spielen die oben genannten Verzerrungseffekte mit hinein. Deshalb müssen Sie diese Effekte, beispielsweise durch Erfahrungswerte, berücksichtigen und rechnerisch einplanen.

Öffentlichkeitsarbeit und PR

Während die werbliche Kommunikation messbar ist, haben es Ihre Kollegen in der Unternehmenskommunikations- oder PR-Abteilung wesentlich leichter, denn ihre Maßnahmen entziehen sich weitgehend der Messbarkeit, einmal abgesehen von der Zählung platzierter Artikel oder TV-Beiträge. Aus diesem Grund sind Arbeitsplätze in diesen Unternehmensbereichen von jungen Student/innen der Kommunikationswissenschaften außerordentlich begehrt!

Werbung soll den Absatz eines definierten Angebots zum Ziel haben und bezieht sich damit zumeist auf ein bestimmtes Produkt oder eine bestimmte Dienstleistung. Anders hingegen die Öffentlichkeitsarbeit: Sie bezieht sich in der Regel auf das gesamte Unternehmen und untersteht folglich der Unternehmensleitung.

Als Instrumente der Öffentlichkeitsarbeit stehen Ihren Kolleginnen die Instrumente

▸ Pressearbeit,

▸ PR-Veranstaltungen,

▸ Erstellung von Druckschriften/Geschäftsberichten und

▸ der Internetauftritt Ihres Unternehmens

zur Verfügung.

Wie bereits angedeutet, sind die Instrumente der Erfolgskontrolle in diesem Bereich mehr als dürftig entwickelt. Nutzen Sie die Möglichkeiten, die Ihrem Unternehmen zur Verfügung stehen. Seien Sie aber bei den Erfolgserwartungen realistisch! Auch die beste PR-Abteilung wird den Absatz Ihrer Produkte nicht erhöhen.

Auf den Punkt gebracht

Die Produktentwicklung, sie es nun die Entwicklung eines neuen Angebots oder die Weiterentwicklung eines bereits bestehenden Produkts, gehört zu den spannendsten und aufreibendsten Aufgaben des Produktmanagers. Häufig sieht er sich allein gelassen, wenn er seine Idee verfolgt. Großartig ist es jedoch, wenn man sieht, wie sich die „Babys" entwickeln, wie sie wachsen und gedeihen.

Projektmanagement im Produktmanagement

Als Produktmanager müssen Sie über Fähigkeiten und Kenntnisse im Projektmanagement verfügen: Jedes Ihrer Produkte ist auch ein Projekt. Gerade im Produktentwicklungsprozess sind Fähigkeiten als Projektmanager gefragt.

Die Literatur zum Projektmanagement ist unendlich vielfältig. Dieses Kapitel soll Ihnen einen kompakten Überblick über die wichtigsten Vorgehensweisen und Möglichkeiten des Projektmanagements im Rahmen Ihrer Produktmanagertätigkeit geben.

Was ist ein Projekt?

Die Fachwelt hat sich auf die folgende Definition geeinigt:

Projekt

Ein Projekt ist ein größeres, einmaliges und komplexes Vorhaben, an dessen Planung und Steuerung im Allgemeinen mehrere Unternehmensteile oder Unternehmen beteiligt sind.

Folgende Faktoren bestimmen also ein Projekt:

- ▸ Einmaligkeit, keine Routineaufgabe
- ▸ zeitliche Befristung
- ▸ spezielle Organisationsform
- ▸ begrenzter Ressourceneinsatz
- ▸ Abgrenzung zu anderen Vorhaben

Projektmanagement in Stichworten

Zum erfolgreichen Projektmanagement gehört eine Reihe von Voraussetzungen, die in der folgenden Checkliste zusammengefasst sind:

Checkliste: Erfolgreiches Projektmanagement	
Stellen Sie einen hohen Ausbildungsstand der Mitarbeiter im Hinblick auf Kenntnisse im Bereich von Projektplanung und -steuerung sicher.	✓
Nutzen Sie die Kenntnisse des Rechnungswesens in Ihrem Unternehmen.	
Sorgen Sie dafür, dass die Projektleitung mit ausreichenden Entscheidungskompetenzen ausgestattet ist und über genügend Mittel zur Projektdurchführung verfügt.	
Sorgen Sie für eine effektive und effiziente Projektorganisation.	
Motivieren Sie Ihre Mitarbeiter im Projektteam.	
Stellen Sie sicher, dass die Ziele Ihres Projekts eindeutig definiert werden.	

Projektablauf

Ein Projekt läuft immer in mehreren Phasen ab. Die folgende Grafik zeigt Ihnen, welche Schritte in welcher Reihenfolge erfolgen sollten. Das Projekt muss Phase für Phase durchlaufen werden. Dabei ist jede Phase ein in sich abgeschlossener Arbeitsschritt, der mit dem Erreichen eines Meilensteins beendet wird.

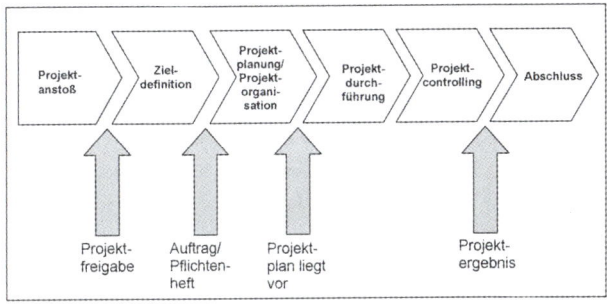

Mustergültiger Projektablauf (Lietke 2002, S. 29)

Zum Projektanstoß kann Ihnen die folgende Checkliste als Hilfestellung dienen:

Checkliste: Projektanstoß	
Warum soll das Projekt durchgeführt und wie soll es definiert werden?	✓
Seit wann besteht ggf. ein Problem und mit welchen Folgen ist zu rechnen, wenn es nicht angegangen wird?	
Sind möglicherweise Widerstände bei der Projektumsetzung zu befürchten?	
Welche Bereiche, Abteilungen und Mitarbeiter sind von diesem Projekt direkt/indirekt betroffen?	
Sind bedeutendere Umstrukturierungen bei der Projektrealisation notwendig?	
Sind ggf. rechtliche Vorschriften oder Verordnungen zu beachten?	

Zieldefinition

Die Basis für eine erfolgreiche Projektdurchführung wird bereits in den frühen Phasen von Projektanstoß und Zieldefinition gelegt. Deshalb soll die Zieldefinition so eindeutig wie möglich sein, um so Prioritäten zu setzen und Konflikte nach Möglichkeit zu vermeiden.

Checkliste: Zieldefinition	
Definieren Sie die Projektziele eindeutig und messbar.	✓
Versuchen Sie, die Projektziele so zu bestimmen, dass sie sich mit den Unternehmenszielen decken.	
Stellen Sie sich die Frage, ob die Projektziele für die beteiligten Mitarbeiter auch erreichbar sind. Wenn Sie diese Frage verneinen, müssen Sie entweder die Projektziele neu definieren oder die Mitarbeiter in die Lage versetzen, die Ziele zu erreichen (beispielsweise über Schulungsmaßnahmen oder bessere Mittel- und Kompetenzausstattung).	
Stellen Sie sicher, dass sich die angestrebten Ziele nicht gegenseitig ausschließen.	
Dokumentieren Sie die Ziele und machen Sie diese allen Projektbeteiligten zugänglich.	

Projektplanung

Eine fundierte Projektplanung hat eine Reihe von Vorteilen:

▸ Dem Projektdurchführungsprozess wird eine klare Richtung vorgegeben.

▸ Aktionismus, chaotische Projektdurchführung und Doppelarbeiten können weitestgehend vermieden werden.

▸ Fehlentscheidungen können vermieden werden.

▸ Abweichungen, Unstimmigkeiten oder Rückstände im Projektablauf lassen sich rechtzeitig erfassen und mit geeigneten Gegenmaßnahmen abfangen.

Risikoanalyse

Eine ausführliche Risikoanalyse gehört ebenfalls zur Phase der Projektplanung. Folgende Risiken sind denkbar:

▸ Terminrisiken

▸ technische Risiken

▸ finanzielle Risiken

▸ Kapazitätsrisiken

▸ vertragliche Risiken

▸ rechtliche Risiken

Eine Risikoanalyse erfolgt in folgenden Schritten:

▸ Definition von Risiken

▸ Bewertung der definierten Risiken

▸ Entwicklung und Bewertung von Gegenmaßnahmen

▸ Entscheidung über Gegenmaßnahmen

Gerade der Produktentwicklungsprozess ist von einer Vielzahl von Risiken begleitet, vor allem wenn es sich um Angebote handelt, mit denen das Unternehmen bislang noch keine oder nur wenig Erfahrung gesammelt hat. Beispielsweise ist das bei der Diversifikation in neue Märkte oder neue Angebotsformen der Fall. Die Bearbeitung der Check-

liste kann Ihnen helfen, das Risiko im Produktentwicklungsprozess zu eruieren:

Checkliste: Risikoanalyse im Produktentwicklungsprozess	
Unterstützt die Geschäftsleitung bedingungslos die Ausrichtung des Produktentwicklungsprozesses?	✓
Sind politische oder rechtliche Rahmenbedingungen zu beachten, die den Produktentwicklungsprozess gefährden können?	
Sind die Ziele, die mit der (Neu-)Produktentwicklung verknüpft sind, mit den vorhandenen Mitteln überhaupt zu erreichen?	
Verfügt das Unternehmen über genügend Know-how (z. B. in den Bereichen F&E, Produktion, Marketing, Verkauf), um das Produkt erfolgreich zu entwickeln, zu produzieren und zu vermarkten?	
Gibt es Produktentwicklungen in der Vergangenheit, die gescheitert sind? Wenn ja: Woran lag es und sind aus diesen Flops Lehren gezogen worden?	

Rolle des Projektmanagers

Als Projektmanager im Produktentwicklungsprozess haben
Sie eine Reihe von Rollen auszufüllen, die Ihr ganzes Ge-
schick verlangen. Sie zeichnen für die Realisierung der Ziele
verantwortlich, Sie koordinieren den Projektablauf, Sie
berufen Sitzungen ein und leiten diese i. d. R. auch. Als
Produkt-/Projektmanager planen und kontrollieren Sie die
Projektfortschritte, Sie müssen die Kostenentwicklung im
Blick haben und ggf. Maßnahmen einleiten, wenn die
Projektziele in Gefahr sind. Zudem repräsentieren Sie das
Projekt nach innen und außen.

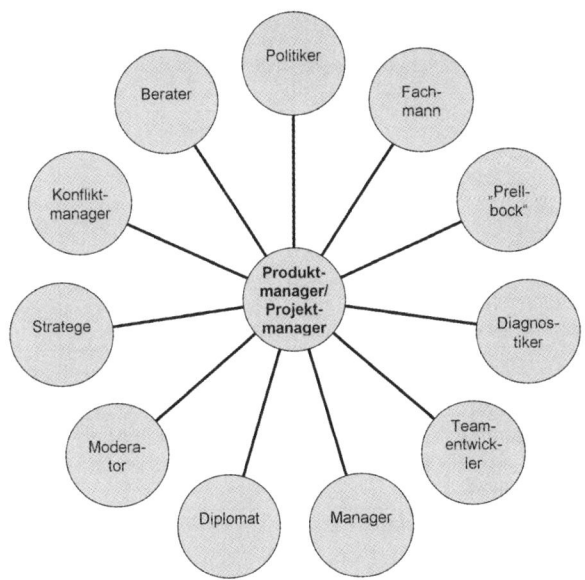

Rollen des Produkt-/Projektmanagers
(nach Kraus/Westermann 1998, S. 159)

Projektarbeit ist auch immer Teamarbeit. Jedes Projektteam setzt sich aus Experten unterschiedlicher Fachbereiche zusammen. Aus diesem Grund müssen schon im Vorfeld Regeln der Zusammenarbeit geschaffen werden, welche die Projektarbeit begleiten:

Checkliste: Regeln der Zusammenarbeit	
Aussagen werden in der Ich-Form vorgetragen. Auf „man" oder „wir" wird verzichtet.	✓
Es gibt im Projektteam außer dem Projektleiter keine Vorgesetzten und keine hierarchischen Differenzierungen. Diese Regel gilt selbst dann, wenn Mitarbeiter unterschiedlicher Hierarchieebenen in der Projektgruppe vertreten sind.	
Bei Diskussionen ist zwischen der Sache und der Person zu unterscheiden. Nicht die Person wird kritisiert, sondern höchstens eine Tatsache.	
Gutes Zuhören ist ebenso wichtig wie das Einbringen eigener Ansichten.	
Alle Informationen werden allen Projektmitgliedern zur Verfügung gestellt. Es werden keine Informationen zurückgehalten.	
Konflikte müssen offen angesprochen werden, wobei auch hier auf Punkt 3 dieser Checkliste zu achten ist.	

Mit welchen Problemen müssen Sie rechnen?

Ein so komplexes Projekt wie die Neuentwicklung eines Produkts kann sowohl auf der sachlichen als auch auf der Beziehungsebene zu Konflikten führen, welche die Arbeit im Projekt behindern oder sogar scheitern lassen. Ihnen als Produktmanager kommt hier die Rolle des Streitschlichters zu. Sie müssen schlichten, Konflikte moderieren und auch zwischen den Konfliktparteien vermitteln. Allerdings stehen Sie häufig vor dem Problem, dass Sie selbst Teil des Projektteams sind und damit bestimmte Ziele verfolgen müssen: Schließlich wird Ihr Erfolg am Ende des Projekts in einem erfolgreichen Produkt-Launch gesehen.

Deshalb ist es wichtig, dass Sie Konflikte frühzeitig erkennen und Aktivitäten zu deren Beilegung ergreifen, solange das noch möglich ist. Erreichen können Sie das beispielsweise durch Gespräche, personelle Umbesetzungen im Projektteam, das Engagement eines neutralen Schlichters oder ggf. durch das Eingestehen des Scheiterns des Projekts. Die weiter oben vorgestellte Checkliste kann Ihnen dabei helfen, erst gar nicht in so eine Situation zu geraten.

Allerdings sollten Sie sich über die folgenden Konfliktfelder innerhalb eines Projekts bewusst sein:

Beziehungsebene:

▸ Wertekonflikt: unterschiedliche Wertehaltungen einzelner Projektmitglieder

▸ Beziehungskonflikt: Antipathie, Vorurteile und Misstrauen zwischen den Projektmitgliedern

Sachebene:

▸ Zielkonflikt: Einzelne Projektmitglieder verfolgen unterschiedliche Interessen (z. B. will die Produktion möglichst hohe Stückzahlen gleichartiger Produkte herstellen, während der Vertrieb möglichst zielgruppengenaue Einzelanfertigungen verlangt).

▸ Beurteilungskonflikt: Es liegen unterschiedliche Methoden der Informationsverarbeitung der einzelnen Projektmitglieder vor.

▸ Verteilungskonflikt: Es besteht eine Diskrepanz zwischen den verfügbaren Ressourcen und den Ansprüchen an die Ressourcen.

Projektabschluss

Ihr Projekt endet, wenn das Projektziel erreicht ist bzw. wenn ein neues Produkt dem Vertrieb und der Produktion übergeben wird. Ihre Aufgabe ist nun, einen Projektabschlussbericht abzufassen, der folgende Eckdaten enthalten soll:

▸ Projektaufwand: Geplante Termine, Stunden und Kosten werden den tatsächlichen Terminen, Stunden und Kosten gegenübergestellt.

▸ Erreichungsgrad: Die Ziele des Projekts werden mit den erreichten Ergebnissen verglichen. Falls Abweichungen bestehen, werden diese dokumentiert und erläutert.

▸ Probleme: Hindernisse während der Projektdurchführungsphase werden ausgewertet, um daraus Verbesserungsvorschläge für die Zukunft abzuleiten.

▸ Kernaussagen: Da niemand gern lange Berichte liest und Ihre Chefs hierfür schon gar keine Zeit haben, sind die wichtigsten Eckdaten in einer Kurzzusammenfassung festzuhalten.

Etablierung eines Ideen- und Innovationsmanagements

Es ist schon toll, wenn in Ihrem Unternehmen täglich ein Feuerwerk an neuen Ideen und Innovationen abgefeuert wird. Aber all das wird zu nichts führen, wenn die guten Ideen nicht in realisierbare Business-Pläne überführt werden. Eine noch so gute Idee landet unweigerlich in der

Schublade, wenn die vorhandenen Ressourcen des Unternehmens nicht für ihre Verwirklichung ausreichen.

> Der erste Schritt im Innovationsprozess ist nicht die Ideensammlung, sondern die Definition von Suchfeldern. Dabei ist es hilfreich, wenn Ihr Unternehmen seine Kernkompetenzen und den Leidensdruck seiner Kunden genau kennt.

Erst jetzt sollten Sie Ihre klügsten Köpfe versammeln und versuchen, neue Ideen für neue Produkte oder Produktverbesserungen zu entwickeln. Damit die Anstrengungen dieser Kreativteams keine enttäuschende Einmalveranstaltung bleiben, sollten Sie sich bereits vorab Gedanken darüber machen, wie Sie mit Ideen umgehen, die nicht realisiert werden können. Wenn Sie sie in die Schublade für spätere Zeiten legen, wird die Bereitschaft Ihrer Mitarbeiter schnell erlahmen, noch einmal gute Ideen zu produzieren.

Versuchen Sie, Regeln für den Feedback-Prozess zu erarbeiten. Dabei sollten Sie dieses Feedback umso detaillierter gestalten, je mehr Mühe und Aufwand die Mitarbeiter in die Erarbeitung ihres Vorschlags investiert haben. Denn wie heißt es so schön: „Kleine Aufmerksamkeiten erhalten die Freundschaft" – in diesem Fall auch die Motivation. Ein gutes Essen, ein kleines Geschenk trösten manchmal über die Nicht-Realisierung einer Idee hinweg.

Mit dem Beschluss zur Weiterverfolgung einer Idee ist es aber auch noch nicht getan: Kleine Ideen finden schnell viele Anhänger, große Ideen werden gern von den Bedenkenträgern (manchmal auch „Lähmschicht" genannt) aufgrund verkrusteter Strukturen und komplizierter Abstimmungsprozesse zermahlen. Ist auch diese Hürde überwunden, kommt es zur alles entscheidenden Abstimmung auf dem Markt.

> Binden Sie die Kunden so frühzeitig wie möglich in den Produktentwicklungsprozess ein, um Flops und Enttäuschungen zu vermeiden.

Die folgende Checkliste wird Ihnen helfen, Innovations- und Ideenmanagement in Ihrem Unternehmen erfolgreich voranzutreiben:

Checkliste: Etablierung Innovations-/Ideenmanagement	
Definieren und kommunizieren Sie die Innovationsziele Ihres Unternehmens möglichst exakt.	✓
Setzen Sie Anreize für die Ideenproduktion und Innovationsbereitschaft Ihrer Mitarbeiter.	
Fördern Sie durch Schulungsmaßnahmen und Workshops die Innovationsfähigkeit Ihrer Mitarbeiter.	
Versuchen Sie, einen regelmäßigen Ideenaustausch innerhalb Ihres Unternehmens zu installieren.	
Interessieren Sie sich als Führungskraft für die kreativen Vorschläge Ihrer Mitarbeiter.	
Versuchen Sie, die Kunden so frühzeitig wie möglich in den Innovationsprozess einzubinden.	

Literaturverzeichnis

Aumayr, Klaus J., Erfolgreiches Produktmanagement, Wiesbaden 2006.

Corsten, Hans/Reiß, Michael, Betriebswirtschaftslehre, München 1999.

Dillerup, Ralf/Stoi, Roman, Unternehmensführung, München 2006.

Esch, Franz-Rudolf/Herrmann, Andreas/Sattler, Henrik, Marketing, München 2008.

Goemann-Singer, Alja/Graschi, Petra/Weissenberger, Rita, Recherchehandbuch Wirtschaftsinformationen, Heidelberg 2003.

Großklaus, Rainer H. G., Neue Produkte einführen, Wiesbaden 2008.

Horvath, Peter/Herther, Ronald N., Benchmarking – Ein Vergleich mit den Besten der Besten. In: Controlling 1/1992, S. 1–12.

Kraus, Georg/Westermann, Reinhold, Projektmanagement mit System, Wiesbaden 1998.

Lennertz, Dieter, Produktmanagement, Frankfurt 2006.

Lietke, Hans-Dieter, Projektmanagement, München 2002.

Macharzina, Klaus, Unternehmensführung, Wiesbaden 2003.

Matys, Erwin, Praxishandbuch Produktmanagement, Frankfurt 2001.

Meyer, Anton, Das Absatzmarktprogramm. In: Meyer, P. W. (Hrsg.), Integrierte Marketingfunktionen, Stuttgart 1992.

Pepels, Werner, Produktmanagement, München 2003.

Pepels, Werner, Kompaktlexikon Produktmanagement, München 1999.

Schawel, Christian/Billing, Fabian, Top 100 Management Tools, Wiesbaden 2004.

Wetterer, Eva Christiane, Die Kunst der richtigen Entscheidung, Hamburg 2005.

Stichwortverzeichnis

Der Autor

Thomas Ammon ist Diplom-Kaufmann und arbeitet seit vielen Jahren als Produktmanager, Manager Business Development, Unternehmensberater und Coach für namhafte Unternehmen der Medien- und Bildungsbranche. Sein Tätigkeitsschwerpunkt liegt in der Entwicklung neuer und innovativer Angebote.

Impressum:

Verlag C. H. Beck im Internet: www.beck.de
ISBN: 978-3-406-58559-3
© 2009 Verlag C. H. Beck oHG
Wilhelmstraße 9, 80801 München

Lektorat und DTP: Text+Design Jutta Cram, 86157 Augsburg
www.textplusdesign.de
Umschlaggestaltung: Ralph Zimmermann – Bureau Parapluie,
85238 Petershausen
Umschlagbild: iStockphoto © ad_doward
Druck und Bindung: Druckerei C. H. Beck, Nördlingen
(Adresse wie Verlag)

Gedruckt auf säurefreiem, alterungsbeständigem Papier

(hergestellt aus chlorfrei gebleichtem Zellstoff)